新型电力系统多主体运行效应优化研究

郭菊娥 等 著

科学出版社

北京

内 容 简 介

"双碳"目标下"风光＋储"新业态作为灵活性调节资源,已成为构建新型电力系统、保障能源安全的关键承载体。本书立足该背景,构建源网荷储协同优化模型,核算新能源高渗透率电力系统的综合成本效能特征;考虑风电和光伏长期投建边界的不确定性,构建"双碳"目标约束下"风光＋储"长期投建规划模型,从电能供给安全的角度出发,模拟测算短时间尺度内精细化运行与可靠性评估优化问题;基于灵活性调节储能资源新业态和各主体间交互特征的综合能源系统,构建"上层投建规划＋下层运行优化"的双层规划模型,测算发现共享储能模式具有多主体收益、储能规模和风光资源利用率最大的优势。

本书的目标读者为从事新型电力系统多主体运行效应优化的企业投资管理决策者、从业人员及高等院校、科研机构的研究人员,特别是对新型电力系统"风光＋储"的投建和运行等方面决策感兴趣的研究者。

图书在版编目（CIP）数据

新型电力系统多主体运行效应优化研究 / 郭菊娥等著. -- 北京：科学出版社, 2025.4. -- ISBN 978-7-03-081425-8

Ⅰ. TM732

中国国家版本馆 CIP 数据核字第 2025WG9696 号

责任编辑：郝　悦 / 责任校对：张亚丹
责任印制：张　伟 / 封面设计：有道设计

科 学 出 版 社 出版

北京东黄城根北街 16 号
邮政编码：100717
http://www.sciencep.com

三河市骏杰印刷有限公司印刷
科学出版社发行　各地新华书店经销

*

2025 年 4 月第 一 版　　开本：720 × 1000　1/16
2025 年 4 月第一次印刷　　印张：11 1/4
字数：227 000

定价：132.00 元

（如有印装质量问题，我社负责调换）

编写人员名单

华能伊敏煤电有限责任公司：

　　杨立勇　吕滋涛　崔　铭　董　帅

　　李　刚　宋明岩　赵耀忠　张　集

华能内蒙古东部能源有限公司：

　　李树学　郑　安　李德永　李　继

　　巴特尔　石永利

西安交通大学：

　　唐　磊　杨怡凡　王欢欢　刘梦书

　　李子琛

前　　言

　　大力发展风电和光伏等新能源，实现高渗透率是碳达峰、碳中和目标下电力系统清洁低碳转型的必然选择。风光发电的波动性特征为电能供给安全带来了一定的风险，仅依靠火电机组的常规调峰来应对不确定波动的成本和单位碳排放剧增，这对储能配置技术创新和投建成本降低提出了更高的要求，"风光＋储"模式成为支撑我国低碳、安全发展的新模式。储能新业态作为重要的灵活性调节资源，已经成为实现"双碳"目标、构建新型电力系统、缓解用电紧张的关键承载体，对于促进新能源高比例消纳、保障电力安全供应和提高电力系统运行效率具有重要支撑作用。

　　面向我国"双碳"目标的重大战略需求，本书针对新能源高渗透率源网荷储的协同优化运营，在第一篇为了科学核算新能源高渗透率电力系统的综合成本，一是对不同渗透率下"投建＋运行"成本函数的变化量进行测算，作为电力系统综合效用计量值；二是通过投资决策和运行优化模型的耦合，分别测算系统投资和运行的具体成本；三是针对风光出力及负荷的不确定性，采用多场景技术通过随机优化方法获得固定场景的成本，构建源网荷储协同优化模型。第一篇利用陕西省实际电力系统装机数据及规划装机数据，核算陕西省2020～2025年的电力系统运行成本，发现随着陕西省新能源渗透率从2020年的27%上升到2025年的48%，度电成本将从0.28元/千瓦时上升到0.32元/千瓦时，且系统运行成本会降低，而系统投资成本反而会增加。随着渗透率上升，火电机组为新能源提供灵活性备用的利用小时数下降；当渗透率超过40%时，弃风、弃光率将显著上升等。同时，当渗透率小于35%时，所有负荷下火电都能满足生存边际条件，但当渗透率大于45%时，需要建立容量补偿机制。

　　面对风光发电的波动性，实现新能源高渗透率已成为电力系统安全供给的重大挑战。因此，本书在第二篇从电能供给安全的角度出发，构建在"双碳"目标约束下"风光＋储"长期投建规划模型。一是在满足电力系统低碳约束的同时，考虑到风电和光伏在宏观政策目标下，长期投建边界的不确定性和风光发电建设配置储能的政策要求，将风光投建的模糊约束和风光配置储能的耦合约束同时引入电源规划，构建"风光＋储"长期投建规划模型；二是应用模糊可信性约束规划算法推导出在给定的可信性置信水平下，风光投建的模糊机会约束的清晰等价形式，并通过实际对不同置信水平下的规划结果进行测算，明确合理的置信水平取值；三是从保障电能供给安全的角度，构建短时间尺度内精细化的运行模拟与可靠性评估优化模型，对投建规划方案进行模拟和校验，提出将投建规划方案在实际运行的电能不足期望值作为可靠性评估指标，从而验证本书构建的运行优化模型在保障电能供给安全方面的有效性。

综合能源系统是一种灵活调节储能资源的新业态，体现了各主体间的交互特征。本书在第三篇构建了"上层投建规划＋下层运行优化"的双层规划模型。一是给出上层目标函数为最大化共享储能运营商收益，约束条件为总投资预算约束和容量大小约束等，决策变量为共享储能电站额定容量和额定功率；下层目标函数为最大化综合能源运营商和用户聚集商的收益，约束条件为电热供需平衡约束、可调整负荷约束等，决策变量为综合能源运营商售电价和售热价、用户聚集商的储能充放电策略等。二是将上层模型中的额定容量和额定功率变量作为外层遗传算子，将下层模型中的综合能源运营商的售电价和售热价作为内层遗传算子，设计综合能源系统双层嵌套遗传算法。通过算例求解共享储能的额定容量和额定功率、综合能源运营商的售电价和售热价、用户聚集商的电热负荷分布等结果，从而验证本书提出的双层规划模型可以测算共享储能最优投建规模，并且实现多主体高效运行。三是测算综合能源系统不配置储能、配置独立储能和配置共享储能三种场景下的运行优化结果，发现共享储能模式下多主体收益、储能规模和风光资源利用率最大，证明共享储能模式具有多元优势等。

本书受中国华能集团有限公司-西安交通大学能源安全技术研究院攻关课题的支持，是国家能源安全与华能技术攻关战略研究的阶段性成果，出版本书是为了起到抛砖引玉的作用，更好地推广研究成果服务社会。希望读者对新型能源系统以及配置储能的发展格局有所了解，并引起政策制定者、投资决策者、研究人员以及社会公众的高度关注。全书由郭菊娥审阅定稿，唐磊助理研究员、郭磊、杨怡凡、杨东川、李子琛博士，以及王欢欢、刘梦书硕士都投入了大量的研究时间和精力。本书是作者能源研究团队集体智慧的结晶。我们谨向所有为本书撰写、出版给予支持和帮助的同志表示衷心感谢！限于作者的时间和水平，不足之处在所难免，敬请广大读者和有关专家予以批评和指正！

郭菊娥

2024 年 1 月于西安交通大学

目　　录

第一篇　新能源高渗透率电力系统综合效用测算及策略研究

第1章 新能源电力系统综合效用测算方法研究

1.1 源网荷储协同优化模型构建

本书基于源网荷储协同运行的场景,针对清洁能源接入成本核算问题,构建了模型框架,如图1-1所示。具体内容分为三部分:①研究对象及数据集;②源网荷储协同优化;③成本核算。

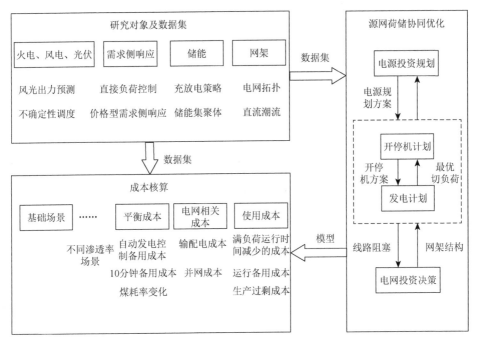

图1-1 源网荷储协同优化模型框架图

1.1.1 研究对象及数据集

研究对象及数据集部分主要包括源网荷储协同优化以及成本核算模块所使用的基本要素和边界条件。其中,研究对象包括模型所考虑的火电、风电、光伏等各类机组,储能以及电力系统的网架结构等。风电和光伏发电自身固有的随机性客观特色,使得电力系统在运行期间具有额外的灵活性,传统的火力发电是提供电力系统所需灵活性的唯一选择。然而通过燃煤发电机组提供所需灵活性是有代价的,如显著增加煤炭燃料消耗和二氧化碳排放量等。随着互联网技术的发展,需求侧响应能够与传统的火力发电一同来满足电力系统所需的灵活性。特别地,储能技术的进步将为电力系统具备更大的灵活性提供了可能,有助于电力系统在考虑资源禀赋的基础上以最经济的方式部署供给侧出力,满足操作灵活性的现实要求。因此本书的研究对象除了发电机组之外还考虑了储能这一灵活性的资源配置问题。备用系数是 15%~20%,最大切负荷累计电量占总电量的比例一般在 1%左右。

数据集包括成本核算的输入数据以及边界条件,主要包括风光出力预测、不确定性调度、直接负荷控制、价格型需求侧响应、充放电策略、储能集聚体,以及电网拓扑、直流潮流信息。本书中的每日风电输出数据是基于陕西省光伏和风电出力的实际历史数据预测得到的。由于接入成本的核算本质上取决于可再生能源的发电模式,而风电、光伏机组的出力变化发生在从秒到季节的不同时间尺度,因此在研究中需要覆盖全年典型日的风电和光伏出力预测数据。

1.1.2　源网荷储协同优化

源网荷储协同优化模型是整个研究框架的核心,用以模拟电力系统的投建和实际运行情况。源网荷储协同优化模型:一是通过电源、电网、负荷、储能四方面协调配合,在供应侧通过包含可再生能源发电、调峰电源在内的多类型电源优化组合,形成相对可控的发电出力;二是通过需求侧管理等措施,配合储能设备的有序充放电,引导用户用电负荷主动追踪发电侧的出力情况。通过上述双侧协调优化过程,实现新能源新型电力系统面临的"双侧随机"问题的有效解决。本书构建的源网荷储协同优化模型包括电源规划、调度运行、综合决策等多环节模块,目的是在系统规划阶段就充分考虑"源-网-荷-储"四部分的协调配合,为系统规划提供决策依据和参考。

源网荷储协同优化模型主要包括投建和运行两大部分。电源规划和电网投资决策在满足电力系统供应需求约束以及系统安全稳定约束的前提下,以总投资费用最小为目标;电源规划和电网投资决策求解结果将进入模型运行模拟测算层面并实现相互校验优化。运行模拟采用日前 + 实时的两阶段优化模式,基于安全约束机组组合(security-constrained unit commitment,SCUC)和安全约束经济调度(security-constrained economic dispatch,SCED)的方法,对电源及电网的投建进行校验,若校验不通过则对规划结果重新进行修正。

1.1.3　成本核算

成本核算模块是整个模型框架的输出模块，在接收研究对象及数据集、源网荷储协同优化结果的基础上对输入成本进行核算。目前在评估不同技术的发电成本时，最常使用的方法是计算并比较不同发电技术的平准化度电成本（levelized cost of electricity，LCOE）。LCOE 是指能源相关系统生产单位能源所需的平均成本，计算方法为某一技术下发电机组生命周期总成本除以生命周期总能源生产量，在计算时会考虑生命周期内所有的成本，包括初期的建设成本、燃料成本、运营成本等。现行的电力市场中对于可再生能源的定价过程就是基于上述的 LCOE 计算方法展开的。

由于可再生能源自身具有波动性、间歇性等特质，以及可再生能源机组在电力系统中投建安装时要与系统中其他元件进行互动和协调等客观要求，当电力系统引入可再生能源机组时，除了可再生能源机组自身的投建费用和运营费用，整个电力系统还会承受一部分额外的成本。这一部分成本被学者定义为接入成本，根据其产生的原因，接入成本可以被分解为三个部分：平衡成本、电网相关成本以及使用成本。

平衡成本指的是新能源发电技术的不确定性和预测误差导致的成本，其产生的原因在于风电和光伏等新能源发电技术具有波动性和随机性的特点，在实际运行中难以准确预测和评估，包括自动发电控制备用成本、10 分钟备用成本、煤耗率变化。一是由于新能源发电的不确定性和预测误差，为了保证电力系统的稳定与安全，需要相应增加旋转备用电源；二是新能源发电量的不确定性也可能导致常规火电发电厂的爬坡和循环增加，使发电机组磨损增加，常规电厂调度效率低下，导致整个电力系统成本增加。

电网相关成本指由于新能源电源区位限制产生的输配电成本和并网成本。由于发电厂的位置限制，新能源发电对输配电网基础设施的建设和完善提出了更高的要求，在投建新的新能源发电机组时，会伴随建设相关配套设施的输配电成本。尽管新能源发电机组和常规火电厂在内的各类发电机组都有一些选址限制，但风电和光伏发电受资源禀赋的约束更强，其机组位置受到当地自然条件的限制更多。如果想要实现新能源发电并网，一般需要修建新的输电线路或增加现有基础设施的容量来加固电网，以便将电力从生产中心输送到负荷地点，在这一过程中因修建新的输电线路和基础设施产生的成本被视作并网成本。

使用成本是指由于可再生能源的输出间歇性，维持旋转储备或额外可调度容量而产生的成本。由于新能源机组的边际成本优势，其在电力系统中会优先上网，需求负荷曲线与新能源供电曲线间产生了"剩余需求负荷"，也就是扣除风光发电外，剩余发电组合需承担的电力需求量。由于需求负荷是变动的，风电和光伏等新能源发电具有间歇性，这就要求煤电等常规机组灵活运行。使用成本可以被进一步细分为三种成本。一是由传统火电机组满负荷运行时间减少产生的成本，可再生能源机组的增加减少了火电机组的满负荷运行时长，而当火电机组以低功率运行时，一般意味着更高的煤耗率，使得燃料成本增加。特别是在火电机组固定成本不变的情况下，满负荷运行时间减少意味着其电力生产量减少，使得火电机组的发电成本增加。二是由可再生能源机组低容量可信度产生的运行备用成本，可再生能源机组很难减少对备用容量的需求，特别是在高峰负载时间，因为其容量信用较低。三是新能源发电量超过负荷产生的生产过剩成本，当可再生能源机组在整个电力系统中渗透率较高时，可再生能源机组的发电量很有可能超过自身负荷，产生弃电的现象，使得可再生能源机组的有效容量因子降低，单位度电成本增加。

　　从电力系统整体来看，可再生能源在 α 渗透率下的接入成本为投建成本、固定运行维护成本以及日内可变成本之和与零可再生能源情况下系统的投建成本、固定运行维护成本以及日内可变成本的总和之差，具体计算如式(1-1)所示：

$$\Delta C(\alpha) = \sum_{t \in T} \sum_{u \in U} \left\{ \left[C_{u,t}^{\mathrm{Inv}}(\alpha) + C_{u,t}^{\mathrm{OMFix}}(\alpha) + \sum_{s \in S} C_{u,t,s}^{\mathrm{OMVarDI}}(\alpha) \right] - \left[C_{u,t}^{\mathrm{Inv}}(0) + C_{u,t}^{\mathrm{OMFix}}(0) + \sum_{s \in S} C_{u,t,s}^{\mathrm{OMVarDI}}(0) \right] \right\}$$

(1-1)

其中，ΔC 为接入成本，即渗透率成本变化量；t 为规划年时间节点；T 为规划总年限；u 为元件类型；U 为包含火电、水电、风电、光伏、储能以及线路等在内的元件类型集合；s 为场景；S 为场景集合；$C_{u,t}^{\mathrm{Inv}}$ 为投建成本；$C_{u,t}^{\mathrm{OMFix}}$ 为固定运行维护成本；$C_{u,t,s}^{\mathrm{OMVarDI}}$ 为日内可变成本，包括日内发电成本以及日内实际运行相比于日前调度结果的调整而产生的成本。

$$\Delta C^{\mathrm{Capacity}}(\alpha) = \left[\sum_{s \in S} C_{u,t,s}^{\mathrm{OMVarDI}}(\alpha) - \sum_{s \in S} C_{u,t,s}^{\mathrm{OMVarDI}}(0) \right] \bigg/ \left(P_{\mathrm{PV}}^{\max} \cdot x_{\mathrm{PV},t} + P_{\mathrm{Wind}}^{\max} \cdot x_{\mathrm{Wind},t} \right)$$

(1-2)

其中，$\Delta C^{\mathrm{Capacity}}$ 为可再生能源接入产生的边际单位容量成本，为运行层面分析产生的成本，表示 α 渗透率下可再生能源接入在运行层面产生的成本与零可再生能源的运行成本之差除以总可再生能源的容量，含义为增加单位容量的可再生能源时系统的运行成本增加量；$P_{\mathrm{PV}}^{\max}$ 为光伏发电最大功率；$x_{\mathrm{PV},t}$ 为 0-1 变量，为光伏在 t 时是否投建的标志；$P_{\mathrm{Wind}}^{\max}$ 为光伏发电最大功率；$x_{\mathrm{Wind},t}$ 为 0-1 变量，为风电在 t 时是否投建的标志。

$$\Delta C^{\mathrm{Energy}}(\alpha) = \left[\sum_{s \in S} C_{u,t,s}^{\mathrm{OMVarDI}}(\alpha) - \sum_{s \in S} C_{u,t,s}^{\mathrm{OMVarDI}}(0) \right] \bigg/ \left(\sum_s \sum_h P_{\mathrm{PV},h,t,s} + \sum_s \sum_h P_{\mathrm{Wind},h,t,s} \right)$$

(1-3)

其中，ΔC^{Energy} 为可再生能源接入产生的边际度电成本，也为运行层面分析产生的成本，表示 α 渗透率下可再生能源接入在运行层面产生的成本与零可再生能源的运行成本之差除以总可再生能源发电量，含义为增加单位可再生能源发电量时电力系统的运行成本增加量；$P_{\text{PV},h,t,s}$ 为光伏在场景 s 中 t 年 h 时的出力功率；$P_{\text{Wind},h,t,s}$ 为风电在场景 s 中 t 年 h 时的出力功率。

1.2　源网荷储协同优化的数学描述

电力系统是各子系统部分协调运作的有效整体，可再生能源的接入成本需要从系统整体的角度进行测量。电力系统的投建运行是基于 SCUC 和 SCED 进行模拟运行，本书可再生能源接入成本的计算是基于 SCUC 和 SCED 的方法，考虑可再生能源边际增加量成本，构建源网荷储协同优化模型，全面覆盖电力系统的各子系统部分特征，对比不同比例可再生能源渗透率下，可再生能源"投建 + 运行"成本相对于无可再生能源情况的变化量进行灵敏度测算等。

1.2.1　投建-运行协调优化模块目标函数

最小化投建成本和运行维护成本的目标函数为式(1-4)至式(1-8)：

$$\min C^{\text{Inv}} + C^{\text{OMFix}} + C^{\text{OMVar}} + C^{\text{CutLoad}} \tag{1-4}$$

$$C^{\text{Inv}} = \sum_{t \in T} \sum_{i \in \text{CG}} k_t \cdot c_i^{\text{inv}} \cdot x_{i,t} + \sum_{t \in T} \sum_{l \in \text{CL}} k_t \cdot c_l^{\text{inv}} \cdot x_{l,t} + \sum_{t \in T} \sum_{e \in \text{CE}} k_t \cdot c_e^{\text{inv}} \cdot x_{e,t} \tag{1-5}$$

$$C^{\text{OMFix}} = \sum_{t \in T} \sum_{i \in \text{CG}} k_t \cdot c_i^{\text{fix}} \cdot x_{i,t} + \sum_{t \in T} \sum_{l \in \text{CL}} k_t \cdot c_l^{\text{fix}} \cdot x_{l,t} + \sum_{t \in T} \sum_{e \in \text{CE}} k_t \cdot c_e^{\text{fix}} \cdot x_{e,t} \tag{1-6}$$

$$C^{\text{OMVar}} = \sum_{t \in T} \sum_{h \in H} \sum_{i \in G} k_t \cdot \text{DT}_{ht} \cdot c_i^{\text{fuel}} \cdot F_i^{\text{fuel}}(P_{i,h,t}) + \sum_{t \in T} \sum_{h \in H} \sum_{l \in L} k_t \cdot \text{DT}_{ht} \cdot c_l^{\text{lineloss}} \cdot P_{l,h,t}$$

$$+ \sum_{t \in T} \sum_{h \in H} \sum_{e \in E} k_t \cdot \text{DT}_{ht} \cdot c_e^{\text{eloss}} \cdot |P_{e,h,t}| \tag{1-7}$$

$$C_t^{\text{CutLoad}} = \sum_{t \in T} \sum_{h \in H} k_t \cdot \text{DT}_{ht} v_{h,t} \tag{1-8}$$

其中，C^{Inv} 为投建成本；C^{OMFix} 为固定运行维护成本；C^{OMVar} 为可变运行维护成本；C^{CutLoad} 为切负荷成本；k_t 为 t 年的折现系数；CG 为候选机组集合；c_i^{inv} 为 i 号机组的投建成本；$x_{i,t}$ 为 0-1 变量，为 i 号机组在 t 时是否投建的标志；CL 为候选线路集合；c_l^{inv} 为 l 号线路的投建成本；$x_{l,t}$ 为 0-1 变量，为 l 号线路在 t 时是否投建的标志；CE 为候选储能装置集合；c_e^{inv} 为单位储能容量投建成本；$x_{e,t}$ 为 e 号储能在 t 时是否投建的标志；c_i^{fix} 为 i 号机组的固定运行维护成本；c_l^{fix} 为 l 号线路的固定运行维护成本；c_e^{fix} 为 e 号储能单位储能容量的固定运行维护成本；DT_{ht} 为 t 年 h 时的运行时长；c_i^{fuel} 为 i 号机组所用的燃料成本；F_i^{fuel} 为 i 号机组燃料消耗率函数；$P_{i,h,t}$ 为 i 号机组 t 年 h 时的出力；c_l^{lineloss} 为 l 号线路损耗成本；$P_{l,h,t}$ 为 l 号线路 t 年 h 时的传输功率；c_e^{eloss} 为 e 号储能运行成本；$P_{e,h,t}$ 为 e 号储能 t 年 h 时的充放电功率；$v_{h,t}$ 为 t 时的切负荷量；G 为已建发电机集合；L 为已建线路集合；H 为时间集合；E 为储能装置集合。

1.2.2　投建-运行协调优化模块约束条件

投建-运行协调优化函数的约束条件包括投资约束、电力平衡约束、网络约束、弃风量和失负荷量约束、碳排放约束、储能运行约束、机组出力约束等。

$$x_{i,(t-1)} - x_{i,t} \leqslant 0, \quad i \in \text{CG} \tag{1-9}$$

$$x_{l,(t-1)} - x_{l,t} \leqslant 0, \quad l \in \text{CL} \tag{1-10}$$

$$x_{e,(t-1)} - x_{e,t} \leqslant 0, \quad e \in \text{CE} \tag{1-11}$$

式(1-9)~式(1-11)表示投资约束，体现了投建的不可逆性，机组、线路、装置一经投建就存在于系统中。

$$\sum P_{d,h,t} \cdot \left(1 + R^{\text{Res}}\right) = \sum_{i \in N(b)} P_{i,h,t} - \sum_{s(l) \in N(b)} P_{l,h,t} + \sum_{r(l) \in N(b)} P_{l,h,t} - \sum_{e \in N(b)} P_{e,h,t} \tag{1-12}$$

式(1-12)表示电力平衡约束，其中，$P_{d,h,t}$ 为 d 号负荷 t 年 h 时的负荷量；R^{Res} 为系统备用系数；$N(b)$ 为第 b 个节点；$s(l)$ 为线路 l 的首节点；$r(l)$ 为线路 l 的末节点；$P_{i,h,t}$ 为机组在 t 年 h 时的出力；$P_{l,h,t}$ 为线路在 t 年 h 时的传输功率；$P_{e,h,t}$ 为储能的充电功率，在放电时为负值。电力平衡约束是基于基尔霍夫电流定律（Kirchhoff's current law，KCL）构建的，表示每个节点处的功率平衡状态。

$$-(1 - x_{l,t}) \cdot M \leqslant P_{l,h,t} \cdot X_l - \left(\theta_{s(l),h,t} - \theta_{r(l),h,t}\right) \leqslant (1 - x_{l,t}) \cdot M, \quad l \in \text{CL} \tag{1-13}$$

$$-P_l^{\max} \cdot x_{l,t} \leqslant P_{l,h,t} \leqslant P_l^{\max} \cdot x_{l,t}, \quad l \in \text{CL} \tag{1-14}$$

$$P_{l,h,t} \cdot X_l = \left(\theta_{s(l),h,t} - \theta_{r(l),h,t}\right), \quad l \in \text{EL} \tag{1-15}$$

$$-P_l^{\max} \leqslant P_{l,h,t} \leqslant P_l^{\max}, \quad l \in \text{EL} \tag{1-16}$$

$$-\theta_b^{\max} \leqslant \theta_{b,h,t} \leqslant \theta_b^{\max} \tag{1-17}$$

式(1-13)~式(1-17)表示网络约束。其中，M 为一个大数；X_l 为线路电抗；$\theta_{s(l),h,t}$ 为线路 l 首节点在 t 年 h 时的相角；$\theta_{r(l),h,t}$ 为线路 l 末节点在 t 年 h 时的相角；$P_l^{\max}$ 为线路 l 的最大传输功率；EL 为已有线路集合；$\theta_{b,h,t}$ 为节点 b 在 t 年 h 时的相角；$\theta_b^{\max}$ 为节点 b 的最大相角。式(1-13)表示候选线路传输有功功率与首末相角的关系。式(1-14)表示线路功率限制与线路热稳定性、动态稳定性相关。式(1-15)表示已建线路有功功率和线路两端相角的关系。式(1-16)表示已建线路的最大有功功率限制。式(1-17)表示系统中各节点相角范围限制与系统的功角稳定性相关。

$$-M \cdot x_{r,t} \leqslant P_{r,h,t} \leqslant P_{d,h,t} \cdot x_{r,t} \tag{1-18}$$

$$\varphi_{d,h,t} \geqslant P_{r,h,t}, \varphi_{d,h,t} \geqslant -P_{r,h,t} \tag{1-19}$$

$$\Delta D_t = \sum_h \sum_d \mathrm{DT}_{ht} \cdot \varphi_{d,h,t} \tag{1-20}$$

$$\Delta \mathrm{SW}_t = \sum_h \sum_w \mathrm{DT}_{ht}(P_{w,h,t}^{\mathrm{Fore}} - P_{w,h,t}) \tag{1-21}$$

$$\Delta \mathrm{SV}_t = \sum_h \sum_v \mathrm{DT}_{ht}(P_{v,h,t}^{\mathrm{Fore}} - P_{v,h,t}) \tag{1-22}$$

$$\Delta \mathrm{SW}_t \leqslant R^{\mathrm{Spill}} \cdot \sum_h \sum_w \mathrm{DT}_{ht} \cdot P_{w,h,t}^{\mathrm{Fore}} \tag{1-23}$$

$$\Delta \mathrm{SV}_t \leqslant R^{\mathrm{Spill}} \cdot \sum_h \sum_v \mathrm{DT}_{ht} \cdot P_{v,h,t}^{\mathrm{Fore}} \tag{1-24}$$

式(1-18)~式(1-24)表示弃风量和失负荷量约束。其中，$x_{r,t}$ 为 0-1 变量，表示在 t 时是否实际投建的标志；$P_{r,h,t}$ 为 t 年 h 时的实际负荷；$\varphi_{d,h,t}$ 为失负荷量，负荷节点上的失负荷量不能超过负荷总量；ΔD_t 为 t 年失负荷总量；$\Delta \mathrm{SW}_t$ 为 t 年弃风总量；$\Delta \mathrm{SV}_t$ 为 t 年弃光总量；$P_{w,h,t}^{\mathrm{Fore}}$ 为 t 年 h 时风电可出力最大值；$P_{w,h,t}$ 为 t 年 h 时风电实际出力值；$P_{v,h,t}^{\mathrm{Fore}}$ 为 t 年 h 时光伏可出力最大值；$P_{v,h,t}$ 为 t 年 h 时光伏实际出力值；R^{Spill} 为弃风、弃光率上限。

$$\sum_f \sum_h R_f^{\mathrm{carbon}} \cdot F_i(P_{i,h,t}) \cdot \mathrm{DT}_{ht} \leqslant \mathrm{Carbon}^{\mathrm{max}} \tag{1-25}$$

式(1-25)表示碳排放约束。其中，R_f^{carbon} 为燃料 f 的碳排放系数；F_i 为机组 i 的燃料消耗率函数；$\mathrm{Carbon}^{\mathrm{max}}$ 为每年的碳排放量上限。由于"双碳"目标的实施，未来电力系统大规模接入可再生能源，引入碳排放约束是适应电力系统低碳转型的发展要求。

$$E_{e,h,t} = E_{e,h,(t-1)} + P_{e,h,t} \tag{1-26}$$

$$P_{e,h,t} = P_{e,h,t}^{\mathrm{cha}} - P_{e,h,t}^{\mathrm{dis}} \big/ \eta_e \tag{1-27}$$

$$0 \leqslant P_{e,h,t}^{\mathrm{cha}} \leqslant P_e^{\mathrm{cha,max}} \cdot u_{e,h,t}^{\mathrm{cha}} \tag{1-28}$$

$$0 \leqslant P_{e,h,t}^{\mathrm{dis}} \leqslant P_e^{\mathrm{dis,max}} \cdot u_{e,h,t}^{\mathrm{dis}} \tag{1-29}$$

$$E_e^{\mathrm{min}} \leqslant E_{e,h,t} \leqslant E_e^{\mathrm{max}} \tag{1-30}$$

$$E_{e,h,0} = E_{e,h,T} \tag{1-31}$$

$$u_{e,h,t}^{\mathrm{cha}} \leqslant x_{e,t} \tag{1-32}$$

$$u_{e,h,t}^{\mathrm{dis}} \leqslant x_{e,t} \tag{1-33}$$

$$u_{e,h,t}^{\mathrm{cha}} + u_{e,h,t}^{\mathrm{dis}} = 1 \tag{1-34}$$

式(1-26)~式(1-34)表示储能运行约束。其中，$E_{e,h,t}$ 为 t 年 h 时储能的荷电量；$P_{e,h,t}^{\mathrm{cha}}$ 表示 t 年 h 时储能的放电功率；$P_{e,h,t}^{\mathrm{dis}}$ 表示 t 年 h 时储能的充电功率；η_e 为储能的放电效率；$P_e^{\mathrm{cha,max}}$ 表示储能最大放电功率；$P_e^{\mathrm{dis,max}}$ 表示储能最大充电功率；

$E_e^{\min}$ 和 $E_e^{\max}$ 为储能 e 的最小和最大荷电量。储能在 24 小时内运行需要循环充放电，式(1-31)表示 0 时和 24 时荷电状态需要相同。$u_{e,h,t}^{\text{cha}}$ 和 $u_{e,h,t}^{\text{dis}}$ 分别为放电和充电状态标志。

$$P_i^{\min} \cdot x_{i,t} \leqslant P_{i,h,t} \leqslant P_i^{\max} \cdot x_{i,t}, \quad i \in \text{CG} \tag{1-35}$$

$$0 \leqslant P_{w,h,t} \leqslant P_{w,h,t}^{\text{Fore}} \cdot x_{w,t}, \quad w \in \text{WG} \tag{1-36}$$

$$0 \leqslant P_{v,h,t} \leqslant P_{v,h,t}^{\text{Fore}} \cdot x_{v,t}, \quad v \in \text{PV} \tag{1-37}$$

式(1-35)～式(1-37)表示机组出力约束。其中，$P_i^{\min}$ 和 $P_i^{\max}$ 分别为机组出力最小值和最大值；$x_{w,t}$ 为 0-1 变量，表示在 t 时是否投建 w 风电机组的标志；WG 为风电机组集合；$x_{v,t}$ 为 0-1 变量，表示在 t 时是否投建 v 光伏机组的标志；PV 为光伏机组集合。

1.2.3 运行模拟模块目标函数

1.2.1 节和 1.2.2 节给出了投建-运行协调优化模块的目标函数和约束条件，根据这些公式可以获得各类电源、储能以及线路的投建优化结果。为了保障投建决策的合理性，需要通过机组组合模块考虑系统运行特性，即在目标函数协同中考虑系统的投建成本和运行维护费用。特别地，系统的可变运维成本，还需包括在日前调度基础上的日内实时平衡费用。因此，本书在 1.2.1 节和 1.2.2 节投建和日前调度结果的基础上，模拟日内实时平衡优化问题，计算系统的可变运维成本。

构建最小化系统运行成本目标函数：

$$\min \sum_{s \in S} \rho_s C_s^{\text{OMVarDI}} \tag{1-38}$$

$$\begin{aligned} C_s^{\text{OMVarDI}} = & \sum_{t \in T} \sum_{h \in H} \sum_{i \in G} k_t \cdot \text{DT}_{ht} \cdot c_i^{\text{fuel}} \cdot F_i^{\text{fuel}}(P_{i,h,t,s}) + \sum_{t \in T} \sum_{h \in H} \sum_{l \in L} k_t \cdot \text{DT}_{ht} \cdot c_l^{\text{lineloss}} \cdot P_{l,h,t,s} \\ & + \sum_{t \in T} \sum_{h \in H} \sum_{e \in E} k_t \cdot \text{DT}_{ht} \cdot c_e^{\text{eloss}} \cdot \left| P_{e,h,t,s} \right| \end{aligned} \tag{1-39}$$

其中，ρ_s 为场景 s 出现的概率；C_s^{OMVarDI} 为场景 s 下日内运行产生的费用（包括各类机组实际发电费用以及在日前调度基础上的调整费用）；$P_{i,h,t,s}$ 为场景 s 下机组在 t 年 h 时的出力；$P_{l,h,t,s}$ 为场景 s 下线路在 t 年 h 时的传输功率；$P_{e,h,t,s}$ 为场景 s 下储能的充电功率，在放电时为负值。

1.2.4 运行模拟模块约束条件

运行模拟模块的约束条件包括电力电量平衡约束、网络约束、弃风量和失负荷量约束、碳排放约束、储能运行约束、机组出力约束等。

$$\sum P_{h,t,s} \cdot (1 + R^{\mathrm{Res}}) = \sum_{i \in N(b)} P_{i,h,t,s} - \sum_{s(l) \in N(b)} P_{l,h,t,s} + \sum_{r(l) \in N(b)} P_{l,h,t,s} - \sum_{e \in N(b)} P_{e,h,t,s}$$

$$(1\text{-}40)$$

式(1-40)表示电力电量平衡约束。其中，$P_{h,t,s}$ 为场景 s 下 t 年 h 时的负荷量；$N(b)$ 为第 b 个节点；R^{Res} 为系统备用系数；$s(l)$ 为线路 l 的首节点；$r(l)$ 为线路 l 的末节点。电力电量平衡约束是基于 KCL 构建的，表示每个节点处的功率平衡状态。

$$-(1 - x_{l,t}) \cdot M \leqslant P_{l,h,t,s} \cdot X_l - \left(\theta_{s(l),h,t,s} - \theta_{r(l),h,t,s}\right) \leqslant (1 - x_{l,t}) \cdot M, \quad l \in \mathrm{CL} \quad (1\text{-}41)$$

$$-P_l^{\max} x_{l,t} \leqslant P_{l,h,t,s} \leqslant P_l^{\max} x_{l,t}, \quad l \in \mathrm{CL} \tag{1-42}$$

$$P_{l,h,t,s} X_l = \left(\theta_{s(l),h,t,s} - \theta_{r(l),h,t,s}\right), \quad l \in \mathrm{EL} \tag{1-43}$$

$$-P_l^{\max} \leqslant P_{l,h,t,s} \leqslant P_l^{\max}, \quad l \in \mathrm{EL} \tag{1-44}$$

$$-\theta_b^{\max} \leqslant \theta_{b,h,t,s} \leqslant \theta_b^{\max} \tag{1-45}$$

式(1-41)~式(1-45)表示网络约束。其中，M 为一个大数；X_l 为线路电抗；$\theta_{s(l),h,t,s}$ 为场景 s 下线路 l 首节点在 t 年 h 时的相角；$\theta_{r(l),h,t,s}$ 为场景 s 下线路 l 末节点在 t 年 h 时的相角。式(1-41)表示候选线路传输有功功率与首末相角的关系。式(1-42)表示线路功率限制与线路热稳定性、动态稳定性相关。式(1-43)表示已建线路有功功率和线路两端相角的关系。式(1-44)表示已建线路的最大有功功率限制。式(1-45)表示系统中各个节点相角范围限制与系统的功角稳定性相关。

$$-M \cdot x_{r,t} \leqslant P_{r,h,t,s} \leqslant P_{d,h,t,s} \cdot x_{r,t} \tag{1-46}$$

$$\varphi_{d,h,t,s} \geqslant P_{r,h,t,s}, \varphi_{d,h,t} \geqslant -P_{r,h,t,s} \tag{1-47}$$

$$\Delta D_{t,s} = \sum_h \sum_d \mathrm{DT}_{ht} \cdot \varphi_{d,h,t,s} \tag{1-48}$$

$$\Delta \mathrm{SW}_{t,s} = \sum_h \sum_w \mathrm{DT}_{ht}(P_{w,h,t,s}^{\mathrm{Act}} - P_{w,h,t,s}) \tag{1-49}$$

$$\Delta \mathrm{SV}_{t,s} = \sum_h \sum_v \mathrm{DT}_{ht}(P_{v,h,t,s}^{\mathrm{Act}} - P_{v,h,t,s}) \tag{1-50}$$

$$\Delta \mathrm{SW}_{t,s} \leqslant R^{\mathrm{Spill}} \cdot \sum_h \sum_w \mathrm{DT}_{ht} \cdot P_{w,h,t,s}^{\mathrm{Act}} \tag{1-51}$$

$$\Delta \mathrm{SV}_{t,s} \leqslant R^{\mathrm{Spill}} \cdot \sum_h \sum_v \mathrm{DT}_{ht} \cdot P_{v,h,t,s}^{\mathrm{Act}} \tag{1-52}$$

式(1-46)~式(1-52)表示弃风量和失负荷量约束。其中，$\varphi_{d,h,t,s}$ 为场景 s 下失负荷量，负荷节点上的失负荷量不能超过负荷总量；$\Delta D_{t,s}$ 为场景 s 下 t 年失负荷总量；$\Delta \mathrm{SW}_{t,s}$ 为场景 s 下 t 年弃风总量；$\Delta \mathrm{SV}_{t,s}$ 为场景 s 下 t 年弃光总量；$P_{w,h,t,s}^{\mathrm{Act}}$ 为场景 s 下 t 年 h 时风电可出力最大值；$P_{w,h,t,s}$ 为场景 s 下 t 年 h 时风电实际出力值；$P_{v,h,t,s}^{\mathrm{Act}}$ 为场景 s 下 t 年 h 时光伏可出力最大值；$P_{v,h,t,s}$ 为场景 s 下 t 年 h 时光伏实际出力值；R^{Spill} 为弃风、弃光率上限。

$$\sum_f \sum_h R_f^{\text{carbon}} \cdot F_i(P_{i,h,t,s}) \cdot \text{DT}_{ht} \leqslant \text{Carbon}^{\max} \qquad (1\text{-}53)$$

式(1-53)表示碳排放约束。其中，R_f^{carbon} 为燃料 f 的碳排放系数；F_i 为机组 i 的燃料消耗率函数；$P_{i,h,t,s}$ 为场景 s 下的机组出力；DT_{ht} 为运行时间；$\text{Carbon}^{\max}$ 为每年的碳排放量上限。

$$E_{e,h,t,s} = E_{e,h,(t-1),s} + P_{e,h,t,s} \qquad (1\text{-}54)$$

$$P_{e,h,t,s} = P_{e,h,t,s}^{\text{cha}} - P_{e,h,t,s}^{\text{dis}} / \eta_e \qquad (1\text{-}55)$$

$$0 \leqslant P_{e,h,t,s}^{\text{cha}} \leqslant P_e^{\text{cha,max}} \cdot u_{e,h,t,s}^{\text{cha}} \qquad (1\text{-}56)$$

$$0 \leqslant P_{e,h,t,s}^{\text{dis}} \leqslant P_e^{\text{dis,max}} \cdot u_{e,h,t,s}^{\text{dis}} \qquad (1\text{-}57)$$

$$E_e^{\min} \leqslant E_{e,h,t,s} \leqslant E_e^{\max} \qquad (1\text{-}58)$$

$$E_{e,h,0,s} = E_{e,h,T,s} \qquad (1\text{-}59)$$

$$u_{e,h,t,s}^{\text{cha}} \leqslant x_{e,t} \qquad (1\text{-}60)$$

$$u_{e,h,t,s}^{\text{dis}} \leqslant x_{e,t} \qquad (1\text{-}61)$$

$$u_{e,h,t,s}^{\text{cha}} + u_{e,h,t,s}^{\text{dis}} = 1 \qquad (1\text{-}62)$$

式(1-54)～式(1-62)表示储能运行约束。其中，$E_{e,h,t,s}$ 为场景 s 下 t 年 h 时储能的荷电量；η_e 为储能的放电效率；$E_e^{\min}$ 和 $E_e^{\max}$ 为储能 e 的最小和最大荷电量。储能在 24 小时内运行需要循环充放电，式(1-59)表示 0 时和 24 时荷电状态需要相同。$u_{e,h,t,s}^{\text{cha}}$ 和 $u_{e,h,t,s}^{\text{dis}}$ 分别为场景 s 下放电和充电状态标志。

$$P_i^{\min} x_{i,t} \leqslant P_{i,h,t,s} \leqslant P_i^{\max} \cdot x_{i,t}, \quad i \in \text{EG,CG} \qquad (1\text{-}63)$$

$$0 \leqslant P_{w,h,t,s} \leqslant P_{w,h,t,s}^{\text{Act}} \cdot x_{w,t}, \quad w \in \text{WG} \qquad (1\text{-}64)$$

$$0 \leqslant P_{v,h,t,s} \leqslant P_{v,h,t,s}^{\text{Act}} \cdot x_{v,t}, \quad v \in \text{PV} \qquad (1\text{-}65)$$

式(1-63)～式(1-65)表示机组出力约束。其中，$P_i^{\min}$ 和 $P_i^{\max}$ 分别为机组出力最小值和最大值。

1.3　新能源渗透率下综合效用测算参数设定

1.3.1　新能源渗透率参数选择

陕西电网分布总体上呈南北狭长状，分为陕北、关中、陕南三部分。陕北是重要的煤化工工业基地，也是陕西的能源基地，装机占陕西全网装机的 40% 以上，大量电力需外送消纳。关中地区为陕西的负荷中心，最大负荷占全网的 70% 以上，需从外部大量受电。陕南是陕西的水电基地，水电装机基本都集中位于陕南地区。

受季节变化影响,陕西整体电力流向呈现丰水期陕南陕北送关中,枯水期陕北送关中再送陕南的态势。

近年来,以风电和光伏发电为主的新能源发电技术在全球范围内得到迅猛发展。陕西作为能源大省,具备新能源资源优势和开发潜力,特别是陕北榆林地区风电和光伏资源非常丰富。截至 2020 年底,陕西电网内共有调度口径装机容量 4961 万千瓦。其中火电厂共 33 座,机组 73 台,总装机容量 3383 万千瓦,占比 68.2%;水电厂 4 座,机组 19 台,总装机容量 336 万千瓦,占比 6.8%;风电场 51 座,总装机容量 495 万千瓦,占比 10.0%;光伏电站 122 座,总装机容量 747 万千瓦(含分布式光伏 124 万千瓦),占比 15.1%;全网新能源(风电和光伏)装机共计 1242 万千瓦,占比达到 25.0%。特别地,还有风电 291 万千瓦、光伏 130 万千瓦已并网未归调,总计并网新能源装机 1663 万千瓦。为贯彻落实碳达峰、碳中和的目标,"十四五"时期陕西新能源仍将保持较快增速,风光装机将成为未来陕西新能源装机的主力军。

2021 年 1 月陕西省第十三届人民代表大会第五次会议批准了《陕西省国民经济和社会发展第十四个五年规划和二〇三五年远景目标纲要》,明确指出了陕西省建设清洁能源保障供应基地的目标,加快电源结构调整和空间布局优化,加大煤电淘汰关停和升级改造,提升清洁能源占比,按照风光火储一体化和源网荷储一体化开发模式优化各类电源规模占比,扩大电力外送规模,到 2025 年电力总装机超过 13 600 万千瓦,其中可再生能源装机 6500 万千瓦。2021 年 7 月陕西省发展和改革委员会发布的《关于进一步加强可再生能源项目建设管理的通知》中要求合理确定可再生能源发展规模,"十四五"期间可再生能源总量消纳责任权重每年提升 1.5 个百分点左右。

根据相关政策文件对新能源装机的要求,结合本书对陕西省当前及未来新能源渗透率的测算,将 2020 年至 2025 年的新能源装机渗透率分别设定为 27%、32%、37%、43%、46% 和 48%(表 1-1)。需要注意的是,陕西省水电装机容量较少,增加水电装机容量需要国家审批,且水力发电比较稳定,为了研究光伏和风电高渗透率下的成本变动问题,此处未考虑水电装机容量。为简化分析,以同时在负荷端和电源端减去水电装机容量的方式进行了修正。

表 1-1　2020 年至 2025 年新能源装机渗透率

电源类型	2020 年	2021 年	2022 年	2023 年	2024 年	2025 年
风电	11%	14%	12%	13%	15%	16%
光伏	16%	18%	25%	30%	31%	32%
总计	27%	32%	37%	43%	46%	48%

1.3.2　发电成本参数假设

我国电源装机容量将长期保持增长，电源结构清洁化转型加速推进，新能源将逐步成为电源结构主体，但更加需要各类电源协调发展。目前火电仍是我国电力、电量平衡的主要贡献者，近中期火电仍将发挥主力作用，且将长期在电力系统中发挥基础支撑、系统调节和兜底保障作用，未来发展路径包括"十四五"时期的"增容控量"、"十五五"时期的"控容减量"以及 2030 年后的"减容减量"三大阶段。火电机组的各项成本包括单位建设成本、可变运行成本、固定运行成本、启停成本、燃料成本等，其成本大小与机组容量存在较大关系，因此本书在预测未来火电机组容量发展趋势的基础上，结合对陕西省各电厂的实际调研数据以及相关文献研究，根据机组的容量差别对其进行分组，并做出相应的成本假设（表 1-2）。

表 1-2　各类型机组成本数据

机组类型	建设成本/ （元/千瓦）	可变运行成本/ （元/兆瓦时）	固定运行成本/ （元/千瓦）	启停成本/ （元/兆瓦时）
280 兆～350 兆瓦火电机组	4211	30	250	150
550 兆～650 兆瓦火电机组	3637	30	250	189
960 兆～1200 兆瓦火电机组	3306	30	250	252
风电机组	6693	9	62	—
光伏机组	4050	9	47	—

在新能源发电装机容量方面，光伏发电是增长最快的电源，将逐步成为我国装机容量第一大电源；陆上风电同样保持较快增速，远期将成为我国发电量第一大电源；海上风电的近期发展取决于补贴退坡后的经济竞争力，中远期将成为东部地区的大规模新能源发电形式。光伏机组相较于火电、风电机组的主要成本为初期的建设成本，以及相关的运行成本，不包括启停成本与燃料成本。整体上，我国风电、光伏发电的初始投资成本将延续下降态势，抢装潮、疫情等因素将对风电机组、光伏组件的价格产生较为明显的影响，机组容量对单位成本的影响并不大，因此不对风电机组和光伏机组容量进行分类。综上，对风电机组与光伏机组的成本做出的假设见表 1-2。

本书从煤耗与燃煤价格两方面对火电机组的燃料成本进行考虑。火电机组的发电煤耗率与其负荷率直接相关，在满负荷时发电煤耗率最小，因此对于不同容量的火电机组，按照其负荷率从 50%到满负荷（100%）运行，收集的陕西不同容量火电机组的煤耗数据如表 1-3 所示。

表 1-3　陕西不同容量火电机组的煤耗数据（单位：克/千瓦时）

负荷率	机组容量		
	300 兆瓦	600 兆瓦	1000 兆瓦
50%	341	—	305
60%	333	293	296
70%	326	289	291
80%	322	287	286
90%	319	286	283
100%	317	285	281

2021 年以来，全国的煤价出现了较大幅度的波动。2021 年 6 月我国主要产煤区出现了较大幅度的降雨，导致正常的煤炭开采受到了影响，加上国际燃煤市场整体出现了价格上涨的情况，我国煤炭进口也进行了一些政策上的调整，所以煤炭价格出现了短期的大幅上涨。2022 年以来，国家发展和改革委员会（以下简称国家发展改革委）连续出台了《关于进一步完善煤炭市场价格形成机制的通知》《关于明确煤炭领域经营者哄抬价格行为的公告》等政策文件，以引导煤炭价格在合理区间运行。因此，煤炭价格从中长期来看仍将在一个合理区间内波动，本书选取 2020 年煤炭价格相对稳定的时期作为最后所采用的数据。根据环渤海动力煤价格指数，计算得到 2020 年平均煤炭价格为 549.5 元/吨，并以此作为计算时所采用的煤价。当火电机组运行时，将火电机组对应的煤耗数据与燃煤价格相乘，可得到所需要的燃料成本。

1.3.3　用电量需求预测设定

疫情的发生增加了经济复苏的不确定性，在疫情的影响下，恢复经济的扩张性宏观政策仍将是全球各国政府的持续基调。"十四五"时期是我国全面建成小康社会、实现第一个百年奋斗目标之后，乘势而上开启全面建设社会主义现代化国家新征程、向第二个百年奋斗目标进军的第一个五年。自 2021 年以来，我国经济运行状况良好，恢复稳定，制造业支撑工业生产扩张，工业新动能增长较快，高技术产业和社会领域投资快速反弹，网上零售快速增长，外贸增速强劲，贸易结构持续优化。从需求侧看，国内国际两个市场将共同发力拉动经济增长，投资结构将持续优化，有效投资继续扩大，消费规模扩大和消费结构持续升级将成为拉动经济增长的主要动力，出口增速也将持续回升；从供给侧看，在深化供给侧结构性改革及"双碳"目标倒逼的影响下，产业结构将迎来现代化升级以及绿色转型发展的重要阶段，"双碳"目标推动工业、交通、建筑等各领域电能替代进程进一步加快。基于对国内经济趋势的研判，结合国网陕西省电力有限公司各年的实际运行历史数据，测算出的 2020～2025 年陕西省用电需求如表 1-4 所示。

表 1-4　2020～2025 年陕西省用电需求

需求	2020 年	2021 年	2022 年	2023 年	2024 年	2025 年
负荷/万千瓦	2950	3485	3670	3850	4100	4400
用电量/万千瓦时	2426	2204	2300	2450	2500	2600

1.3.4　灵活性选择设定

　　储能是构建新型电力系统的重要技术和基础装备，凭借其灵活、双向的运行特点，储能能够为电力系统调峰调频、新能源消纳等做出重要贡献，是未来电力系统灵活性资源的重要组成部分，是实现"双碳"目标的重要支撑。《陕西省能源局关于征求新型储能建设方案（征求意见稿）意见的函》要求，从 2021 年起，新增集中式风电项目，陕北地区按照 10%装机容量配套储能设施；新增集中式光伏发电项目，关中地区和延安市按照 10%、榆林市按照 20%装机容量配套储能设施。此外，为保障储能服务的有效性和先进性，储能系统应按照连续储能时长 2 小时及以上，系统工作寿命 10 年及（5000 次循环）以上，系统容量 10 年衰减率不超过 20%，锂电池储能电站交流侧效率不低于 85%、放电深度不低于 90%、电站可用率不低于 90%的标准进行建设。

　　储能成本方面，随着储能技术日益成熟，储能成本持续下降，电化学储能等新型储能将逐步进入快速发展期，相较于我国当前最具经济性和可靠性的抽水蓄能技术，以电化学储能为代表的新型储能具有能量密度高、建设布局相对灵活等优势，近年来已进入指数型增长阶段。但当前新型储能发展仍面临经济性、安全性等制约因素，中长期来看，随着相关技术持续突破，容量增速将进一步加快。基于对储能技术发展的研判，综合考虑储能配备相关政策约束，本节测算得到 2020 年陕西省平均储能建设成本为 8465 元/千瓦，并以此作为本书计算时采用的储能建设成本。

第 2 章　陕西新能源不同渗透率下电力系统运行特征研究

本章首先基于陕西电力系统实际情况及"十四五"规划要求，测算在 2020～2025 年新能源装机渗透率分别为 27%、32%、37%、43%、46% 和 48% 的情景下，利用源网荷储协同优化模型对陕西电力系统 2020～2025 年的电源结构、能源利用率以及系统成本等问题进行具体定量测算分析，并将其结果作为基准场景，为不同场景分析提供依据。其次，在基准场景的基础上为电力系统增加储能选项，分析最优储能配置量，并将配备储能场景与基准场景进行比较研究，从多个层次分析储能选项加入后对电力系统的影响。最后考虑到未来发展的不确定性，调节基础场景和储能场景的渗透率，进行灵敏度分析，确保模型分析结果的有效性。

2.1　基准场景下运行优化特征分析

2.1.1　2020～2025 年电力系统最优结构

本书设定基准场景如下：仅考虑风电和光伏两大类新能源，在投建和运行实际中采用除去水电部分的电力运行系统（已对水电部分原始数据做了处理，为简化表述，本书中新能源均指风电和光伏）。基于源网荷储协同优化模型和参数选择依据以及具体设定，本节测算了 2020～2025 年在新能源装机渗透率分别为 27%、32%、37%、43%、46% 和 48% 的情景下，陕西电力系统装机容量结构和新建线路容量，具体结果如图 2-1 所示。

由图 2-1 可以看出，2020～2025 年，电源总装机容量有着较为明显的上升趋势，其中火电在 2023 年前增长趋势明显，2023 年后趋于平缓，最终处于 0.65 亿～0.68 亿千瓦的区间。这是由于国家能源局为实现"双碳"目标，针对新建火电提出了诸多限制，使得火电实际增速明显下降。2023 年之前的增长趋势实际反映的是"十三五"期间的新建火电延缓建设情况。

其中，新能源机组装机始终呈现出明显增长的态势，图 2-1 显示，到 2025 年风电装机容量将达到 3800 万千瓦，光伏装机容量将达到 1960 万千瓦，约为 2020 年

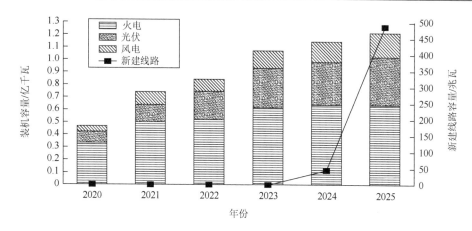

图 2-1　2020～2025 年陕西电力系统装机容量结构和新建线路容量

风电装机容量和光伏装机容量的 5 倍和 3.8 倍。截至 2025 年，新能源装机容量占比将达到约 46%。这是因为陕西省具有充分的资源优势和新能源开发潜力，特别是陕北榆林地区风光资源非常丰富。在"双碳"目标的背景以及技术进步的促进作用下，风光装机将长期成为陕西新能源装机的主力军。特别是陕西省光伏资源相较于风电资源更加充足，因此在投建过程中会选择修建更多的光伏机组。

从线路投建情况来看，2024 年之前并未出现新建线路，2024 年新建了 45 兆瓦的线路，2025 年新建了 485 兆瓦的线路。推动新线路投建的原因主要包括两方面：一方面，随着时间的推移，系统总负荷持续增加，2024 年和 2025 年负荷将达到 2020 年的 1.5 倍和 1.57 倍，负荷增加使得系统供电压力增加，之前系统输电的薄弱环节亟须加强，从而才能满足供电可靠性；另一方面，新能源的增加也进一步增加了系统运行特性的复杂性，可再生能源的波动性、间歇性、随机性加大了源荷互动特性的复杂程度，使得尖峰潮流现象更容易出现，此时需要通过加强系统网架以应对极端情况。在电网实际运行过程中，线路投建通常会设置较大的裕度，因此在 2024 年之前，尽管负荷与新能源在持续增加，但是现有的线路的传输容量仍旧充足，因此无须新建线路。

2.1.2　2020～2025 年电力系统运行效应

基于源网荷储协同优化模型和参数选择依据以及具体设定，本节测算了陕西省 2020～2025 年在新能源装机渗透率分别为 27%、32%、37%、43%、46% 和 48% 的情景下，三类机组的年发电量情况，具体结果如图 2-2 所示。一是整体来看，2025 年陕西省总年发电量约为 2.35 亿兆瓦时，其中火电出力达到 1.33 亿兆瓦时，占比约为 56.6%，新能源出力为 1.02 亿兆瓦时，占比约为 43.4%。火电机组依旧是陕西电网的主力机组。

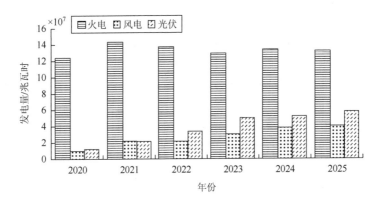

图 2-2　2020～2025 年陕西省三类机组的年发电量情况

二是 2021 年陕西省火电机组出力达到了峰值，2021 年之后火电机组出力逐渐下降，这是由于 2022 年之前陕西省火电机组依旧保持较为明显的增速；新能源机组相比之下发电量逐年上升，预计在未来新能源机组将成为陕西省电网系统的主力机组。

三是风电机组的出力在 2022 年及之后略高于光伏机组。这是由于风电是全天候均有能量供给，而光伏仅在白天进行能量供给，风电机组的信用容量高于光伏机组。

基于源网荷储协同优化模型和参数选择依据以及具体设定，本节还测算了陕西省 2020～2025 年在新能源装机渗透率分别为 27%、32%、37%、43%、46% 和 48% 的情景下，各类机组的利用小时数情况，具体结果如图 2-3 所示。

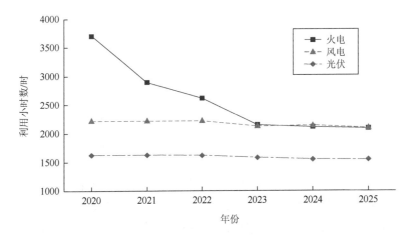

图 2-3　2020～2025 年陕西省各类机组的利用小时数情况

一是火电机组的利用小时数在 2023 年之前逐年下降，从 3700 小时下降至 2100 小时左右，2023 年之后稳定在 2100 小时左右。新能源机组利用小时数整体变化不大，随着时间推移略有下降，其中 2025 年风电利用小时数（约 2100 小时）高于光伏利用小时数（约 1600 小时）。这说明随着新能源渗透率的增加，火电机组出力进一步被压缩，2023 年之前火电机组装机仍呈增长趋势，但是利用小时数却迅猛下降，2023 年之后火电机组装机基本稳定，利用小时数也得以稳定。

二是随着风电和光伏的不断扩建，新能源在系统中承担的作用也越来越明显，其发电量逐年上升，但由于新能源的波动性，随机性和间歇性会增大系统运行压力。在实际运行中，其发电占比逐年递增，但其利用小时有所降低。然而整体而言，即使新能源利用率略有降低，不断增加的装机规模仍然可以保证新能源成长为主力能源，逐步改变现有的电源结构。

基于源网荷储协同优化模型和参数选择依据以及具体设定，本节最后测算了陕西省 2020～2025 年在新能源装机渗透率分别为 27%、32%、37%、43%、46% 和 48%的情景下，新能源机组的弃风、弃光率，具体结果如图 2-4 所示。

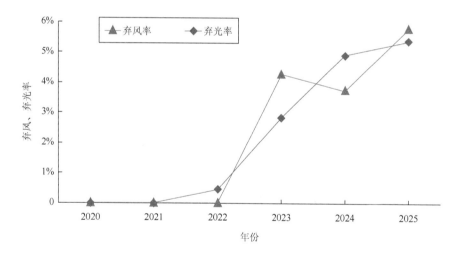

图 2-4　2020～2025 年陕西省新能源机组的弃风、弃光率

整体来看，弃风、弃光率是随着新能源的渗透率增加而不断增加的，其中光伏机组从 2022 年开始出现弃光现象，风电机组从 2023 年开始出现弃风现象。这是由于在 2020～2025 年，陕西新增光伏容量大于新增风电容量，因此光伏在增长到一定程度后率先出现弃能。截至 2025 年，尽管风电新增装机量少于光伏，但其弃能率却高于光伏机组，这是因为光伏仅在白天进行能量供给，而风电是全天候均有能量供给，这一结论也可以由图 2-3 中得以验证。

2.1.3　2020～2025 年电力系统运行成本

基于源网荷储协同优化模型和参数选择依据以及具体设定，本节测算了陕西省 2020～2025 年在新能源装机渗透率分别为 27%、32%、37%、43%、46%和 48%的情景下，电力系统的总成本结构，具体结果如图 2-5 所示。

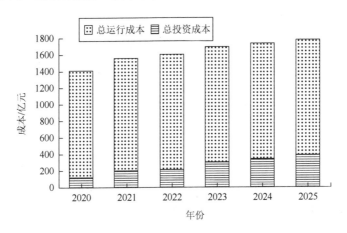

图 2-5　2020～2025 年陕西省电力系统的总成本结构

总体来看，电力系统总成本持续上升，其中总运行成本和总投资成本均逐年增加，且现有的机组发电、调节、维护以及线路损耗等系统总运行成本显著高于每年用于新机组建设的总投资成本。

从增速方面来看，总投资成本增速更快。2020 年总投资成本为 121 亿元，总运行成本为 1291 亿元，总投资成本约为总运行成本的 1/10；2025 年总投资成本增长至 360 亿元，总运行成本增长至 1421 亿元，总投资成本约占总运行成本的 1/4。这是由于新能源机组的主要成本在于投资侧，其运行成本极低，随着新能源装机渗透率的增加，系统整体的运行成本增速必然下降。为深入探究系统的成本变化，本节将对系统总成本进行进一步的深度分析。

基于源网荷储协同优化模型和参数选择依据以及具体设定，本节测算了陕西省 2020～2025 年在新能源装机渗透率分别为 27%、32%、37%、43%、46%和 48%的情景下，电力系统的机组侧成本结构，具体结果如图 2-6 所示。图 2-6 的变化趋势与图 2-5 基本类似，机组运行成本增速较缓，机组投资成本增速较快。2020 年机组投资成本为 120 亿元，机组运行成本为 300 亿元，投资成本约为运行成本的 2/5；2025 年机组投资成本增长至 360 亿元，机组运行成本增长至 430 亿元，投资成本约占运行成本的 4/5。在本节的分析过程中，对投资成本进行了等年值处理，在实际运行中通常需要一次性支付一大笔投建费用，这会为发电主体带来较为明显的现金流压力。

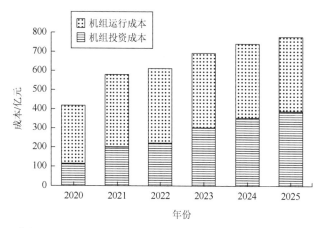

图 2-6　2020～2025 年陕西省电力系统的机组侧成本结构

由图 2-6 可以看出，2023 年前，机组运行成本的降低程度低于机组投资成本的上升程度，因此机组总成本呈上升趋势。机组成本分析进一步放大了新能源机组的特性，一方面新能源机组的边际发电成本几乎为零，使得运行成本降低；另一方面相较于火电，新能源机组利用率较低，使得系统需要修建更多的新能源机组代替火电出力，这将会产生部分冗余建设，增加投资成本。

基于源网荷储协同优化模型和参数选择依据以及具体设定，本节还测算了陕西省 2020～2025 年在新能源装机渗透率分别为 27%、32%、37%、43%、46% 和48% 的情景下，电力系统的电网侧成本结构，具体结果如图 2-7 所示。

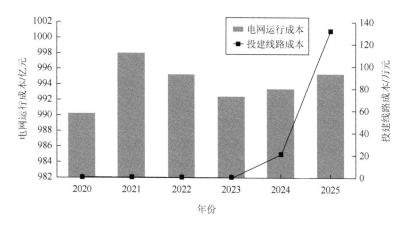

图 2-7　2020～2025 年陕西省电力系统的电网侧成本结构

由图 2-7 可知，电网侧的主要成本集中在运行层面，电网投资成本（投建线路成本）仅在 2024 年及 2025 年产生。电网运行成本在 2020～2025 年整体变化不大，如果考虑到负荷的增加和新能源渗透率的增加，实际上电网侧的平均成本是呈下降趋势的。这是由于在新能源机组的投建过程中，会不断优化新建的新能源和少量火电的位置，使得系统电源分布更广，系统供给侧分布更加合理，从而降低电网成本。

基于源网荷储协同优化模型和参数选择依据以及具体设定，本节接着测算了陕西省 2020～2025 年在新能源装机渗透率分别为 27%、32%、37%、43%、46% 和 48% 的情景下，电力系统的度电成本变化情况，具体结果如图 2-8 所示，其中"机组"代表火电、风电与光伏机组总的平均度电成本。

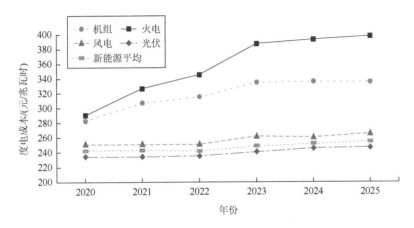

图 2-8　2020～2025 年陕西省电力系统的度电成本变化情况

由图 2-8 可知，横向来看，机组的度电成本在 2023 年之前呈上升趋势，2023 年之后逐渐趋于平稳。火电的度电成本变化情况与机组的度电成本基本类似。这主要反映了"十四五"前期火电机组投建的增长趋势引起的对应度电成本的变化。随着新能源渗透率的持续增长，火电的发电空间进一步被压缩，使得火电需要长期处于不经济的功率区间运行，同时新能源的波动性造成系统调节频繁，增加了火电的爬坡及开停机操作，其对应成本持续上升。但新能源平均度电成本整体变化幅度较小，这是由于渗透率的增加使得利用率有所降低，从而引起成本略微增加。

纵向来看，火电机组的度电成本较高，而风电、光伏的度电成本明显低于火电机组，其中风电机组的度电成本略高于光伏机组。因此，在一定范围内通过增加新能源渗透率可以降低机组平均度电成本，其在推进实现"双碳"目标的进程中具有经济可行性。

基于源网荷储协同优化模型和参数选择依据以及具体设定，本节最后测算了陕西省 2020~2025 年在新能源装机渗透率分别为 27%、32%、37%、43%、46%和 48%的情景下，电力系统的边际度电成本的变化情况，具体结果如图 2-9 所示。

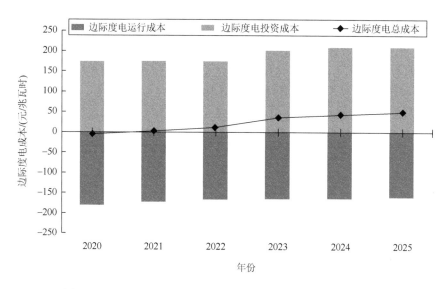

图 2-9　2020~2025 年陕西省电力系统的边际度电成本变化情况

电力系统的边际度电成本变化，反映了在某一年的情景下，由于额外增加 1 兆瓦时新能源而引起的度电成本的变化量。由图 2-9 可以明显看出，2020~2025 年陕西省边际度电投资成本为正，而边际度电运行成本为负，这说明增加新能源会引起系统运行成本降低，而系统投资成本反而会增加。这是由于在负荷一定的情况下，增加新能源出力意味着减少火电出力，新能源边际运行成本基本为零；反观火电，其不仅需要一定的燃料成本，还会由于新能源出力的增加引起其开停机和爬坡成本的增加，因此在此消彼长之下，系统边际度电运行成本为负值。在投资层面，新能源机组的投建费用更高，增加新能源出力意味着增加投资成本，所以系统边际度电投资成本为正。

边际度电总成本的变化由投资和运行部分共同决定，2020 年系统负荷和渗透率较低时，边际度电投资成本的绝对值小于边际度电运行成本的绝对值，因此边际度电总成本为负，这意味着在 2020 年的负荷和渗透率结构下，继续增加新能源渗透率可以降低系统度电成本；而随着负荷和渗透率的增加，边际度电总成本为正，这说明在现有的技术水平下，持续增加新能源渗透率的经济可行性值得商榷。

2.2　配备储能场景下电力系统运行指标特色分析

2.2.1　最优储能投建规模特性

基于源网荷储协同优化模型和参数选择依据以及具体设定，本节测算了陕西省 2020～2025 年在新能源装机渗透率分别为 27%、32%、37%、43%、46% 和 48% 的情景下，电力系统储能投建容量及充放电量情况，具体结果如图 2-10 所示。

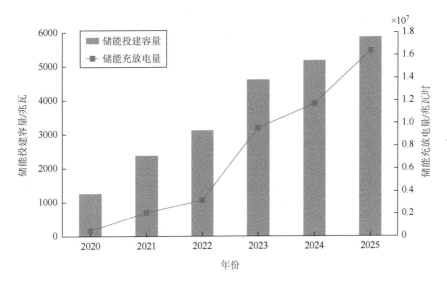

图 2-10　2020～2025 年电力系统储能投建容量及充放电量情况

由图 2-10 可知，配备储能场景下，储能投建容量随着新能源的渗透率和系统负荷增加而增加，储能充放电量也随着新能源的渗透率和系统负荷增加而增加。值得注意的是，储能充放电量在 2023 年的增长率显著高于其他年份，这是由于在 2023 年火电发电量的增速下降，等同于新能源发电量的增速有所加快，因此储能充放电量也随之变化。

2.2.2　新能源发电量特性

基于源网荷储协同优化模型和参数选择依据以及具体设定，本节测算了陕西省 2020～2025 年在新能源装机渗透率分别设定为 27%、32%、37%、43%、46%

和 48% 的情景下，电力系统在配备储能和不配备储能情况下火电、风电和光伏的发电量变化情况，具体结果如图 2-11、图 2-12、图 2-13 所示。

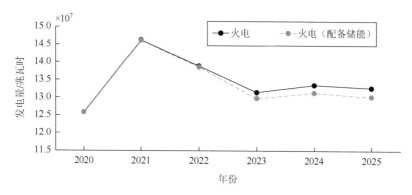

图 2-11　火电发电量的变化情况

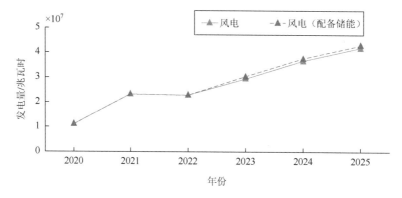

图 2-12　风电发电量的变化情况

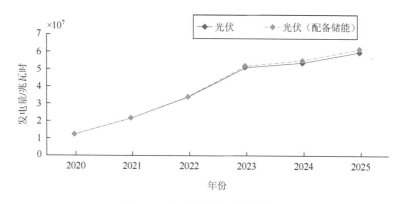

图 2-13　光伏发电量的变化情况

　　总的来说，配备储能场景的发电量变化规律与不配备储能场景基本类似，即火电发电量整体下降，新能源发电量整体上升。但在相对数值上略有不同，2020～2022 年当渗透率和负荷较低时，是否配备储能对各机组的发电量影响不大；2023～2025 年当渗透率和负荷较高时，配备储能的场景下，火电发电量有所下降，新能源发电量有所上升。这是由于配备储能后，可以使新能源的出力更加平稳，提高了信用容量，从而增加了新能源的发电量。

　　基于源网荷储协同优化模型和参数选择依据以及具体设定，本节还测算了陕西省 2020～2025 年在新能源装机渗透率分别为 27%、32%、37%、43%、46% 和 48% 的情景下，电力系统在配备储能和不配备储能情况下的火电、风电和光伏利用小时数的变化情况，具体结果如图 2-14～图 2-16 所示。

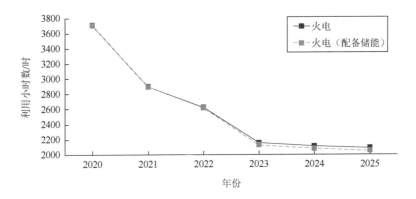

图 2-14　火电利用小时数的变化情况

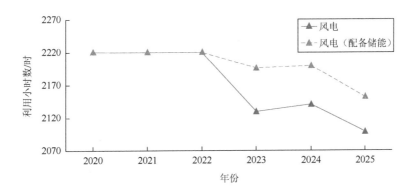

图 2-15　风电利用小时数的变化情况

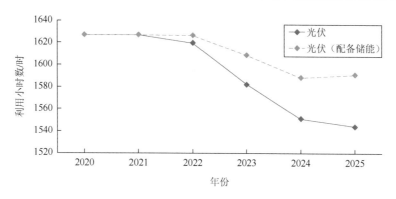

图 2-16　光伏利用小时数的变化情况

整体来看，随着系统负荷和新能源渗透率的增加，无论是否配备储能，系统中火电、风电和光伏利用小时数均呈下降趋势，其中火电的下降趋势最为明显。特别地，和不配备储能系统的情况相比，在配备储能系统后，新能源利用小时数的下降趋势更加平缓，这是由于储能加入后，可以提高新能源的信用容量，从而提高利用率和利用小时数。但整体来说，由于新能源出力不稳定，造成实际装机有所冗余，尽管储能的加入会使这一问题有所缓解，但利用小时数仍呈下降趋势。

最后，基于源网荷储协同优化模型和参数选择依据以及具体设定，本节测算了陕西省 2020~2025 年在新能源装机渗透率分别为 27%、32%、37%、43%、46% 和 48%的情景下，电力系统在配备储能和不配备储能情况下的弃风、弃光率的变化情况，具体结果如图 2-17 所示。

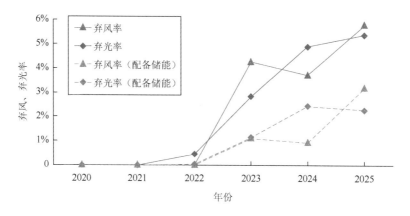

图 2-17　弃风、弃光率的变化情况

由图 2-17 可知，弃风、弃光率整体上随着渗透率和负荷的增加而增加。特别地，配备储能的系统弃风、弃光率明显低于不配备储能的系统，2025 年配备储能的系统弃风率为 3%，约为不配备储能的系统弃风率的一半。这不难理解，在不配备储能的系统中，当新能源产生的电力无法使用时，只能选择弃风/光，而在配备储能的系统中，可以对这一部分能量进行存储，从而提升能源利用率。因此储能通过在新能源出力尖峰时候将剩余能量存储，在出力低谷时候释放，增大了新能源的利用率。

2.2.3　电力系统成本特色

基于源网荷储协同优化模型和参数选择依据以及具体设定，本节测算了陕西省 2020～2025 年在新能源装机渗透率分别为 27%、32%、37%、43%、46% 和 48% 的情景下，电力系统在配备储能和不配备储能情况下总成本和机组侧成本的变化情况，具体结果如图 2-18 和图 2-19 所示。

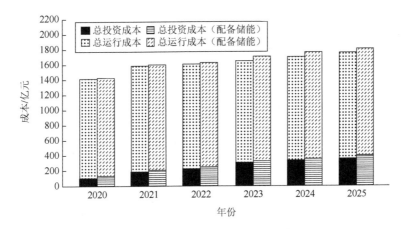

图 2-18　电力系统整体成本的变化情况

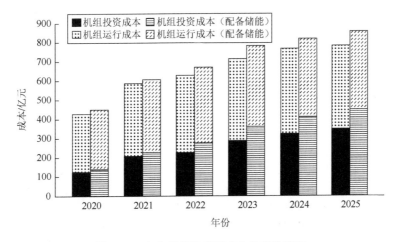

图 2-19　电力系统机组侧成本的变化情况

总体来看，所有成本均随新能源渗透率和系统负荷的增大而增大。在图2-19中，与不配备储能的系统相比，在配备储能的系统中，成本主要增加项集中在机组投资成本方面，这是由于储能的主要成本与新能源机组类似，也是集中在投资成本方面，而在实际运行过程中，虽然储能充放电会造成一部分运行成本变化，但其对新能源出力的稳定作用产生的收益，是显著高于充放电成本的。

基于源网荷储协同优化模型和参数选择依据以及具体设定，本节接着测算了陕西省2020~2025年在新能源装机渗透率分别为27%、32%、37%、43%、46%和48%的情景下，电力系统在配备储能和不配备储能情况下所有机组的平均度电成本和不同机组各自的度电成本的变化情况，具体如图2-20所示。

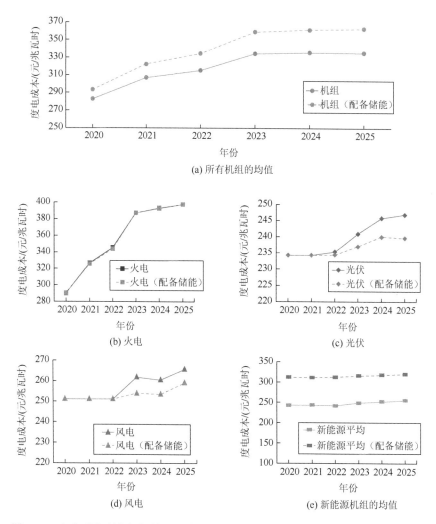

图2-20　电力系统所有机组的平均度电成本和不同机组各自的度电成本的变化情况

由图 2-20 可知,配备储能的系统机组平均度电成本整体高于不配备储能的机组平均度电成本,其中火电机组的度电成本相对变动最小,这是由于加入储能后只是进一步压缩了火电出力区间,对火电机组的影响是间接影响。对于新能源机组而言,尽管储能的加入可以降低运行成本,但储能的高额投资费用还是使得新能源机组的平均度电成本大幅上涨。因此,要想保证通过提高渗透率实现"双碳"目标具有经济可行性,必须进一步加大储能侧研发投入,降低储能成本。

最后,基于源网荷储协同优化模型和参数选择依据以及具体设定,本节测算了陕西省 2020~2025 年在新能源装机渗透率分别为 27%、32%、37%、43%、46% 和 48%的情景下,电力系统在配备储能和不配备储能情况下边际度电成本结构以及边际度电总成本的变化情况,具体结果如图 2-21 所示。

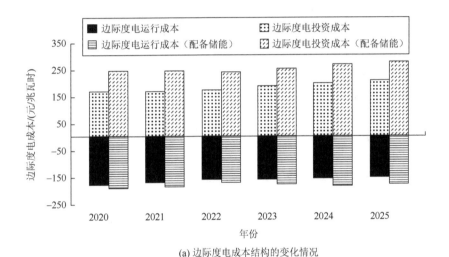

(a) 边际度电成本结构的变化情况

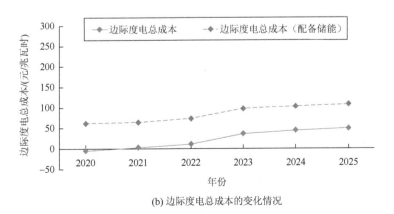

(b) 边际度电总成本的变化情况

图 2-21   边际度电成本结构以及边际度电总成本的变化情况

由图 2-21 可知,总的来说,无论系统是否配备储能,边际度电运行成本始终为负,边际度电投资成本始终为正。系统加入储能后,边际度电投资成本有所增加,而边际度电运行成本有所下降。边际度电投资成本的增加是储能投资成本的加入所引起的,边际度电运行成本的降低则是由于储能改善了新能源的出力曲线,提高了能源利用率。综合边际度电投资成本和边际度电运行成本可以发现,边际度电总成本还是略有上升,这仍旧主要是储能的高昂投资成本所导致的,说明了降低储能成本的技术研发的必要性。

2.3　新能源装机不同渗透率浮动 5 个百分点的灵敏度分析

考虑到未来发展的不确定性,本节将调节基础场景和配备储能场景的渗透率,进行灵敏度分析。具体来说,分别将 2020～2025 年的新能源装机渗透率在 27%、32%、37%、43%、46% 和 48% 的基础上上下浮动 5 个百分点,然后分析模型结果,以确保优化模型的有效性,也可以进一步探究每年在同一负荷下不同渗透率场景的特征规律。

2.3.1　电力系统容量结构和新建线路容量灵敏度效应

本节测算了陕西省 2020～2025 年在新能源装机渗透率各自浮动 5 个百分点的情景下,电力系统装机容量结构和新建线路容量的变化情况,具体结果如图 2-22 所示。其中,低表示渗透率下浮 5 个百分点,高表示渗透率上浮 5 个百分点。

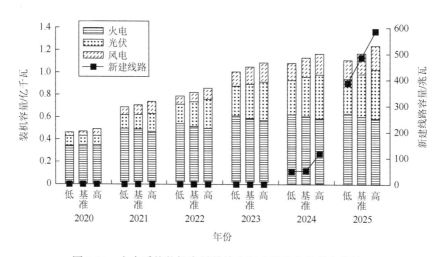

图 2-22　电力系统装机容量结构和新建线路容量的变化情况

首先，整体来看，低渗透率场景和高渗透率场景下电力系统装机容量结构的逐年变动规律与基准场景基本一致。其次，在同一年内（即同一负荷水平下），相较于基准场景，高渗透率场景下新能源机组会压缩火电的装机容量，同时由于新能源机组的置信容量小于火电机组，因此为了满足系统负荷，需要投建更多的新能源机组；同理可得，低渗透率场景下，新能源机组的装机容量会有所下降，火电机组的装机容量会上升。最后，从线路投建情况来看，2023 年之前不同渗透率场景下基本都没有新线路投建，2023 年后高渗透率场景下需要投建更多的新线路，这是由于现有的电网线路有一定"充裕度"，在新能源渗透率较低时，现有的线路基本可以满足输电要求，随着新能源渗透率的上升，现有的输电线路无法满足电能输送需求，因此新建线路容量也会随着渗透率的增加而增加。

图 2-23 是不同渗透率下储能容量和新建线路容量的灵敏度分析结果。由图 2-23 可知，总的来说，渗透率的提高以及负荷的增加均会造成新建线路容量和储能容量的增加。增加储能容量需要新建的线路数量反而会有所下降，这是因为配备储能后，由于储能的调节能力，系统潮流发生改变，电网会选择投建一些单位容量较高的高效线路。

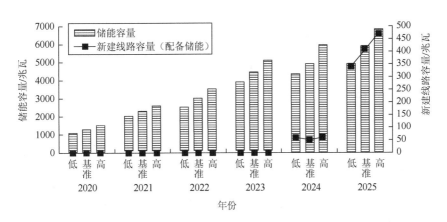

图 2-23　不同渗透率下储能容量和新建线路容量的灵敏度分析

2.3.2　电力系统运行效应灵敏度特征

首先，本节测算了陕西省 2020～2025 年新能源装机渗透率浮动 5 个百分点的情景下，不配备储能的系统发电量变化情况，以及配备储能的系统发电量和储能充放电量的变化情况，具体结果如图 2-24 和图 2-25 所示。由图 2-24 和图 2-25 可知，在负荷相同的情况下，无论系统是否配备储能，其变化规律基本类似，即总体上风光的发电量随着渗透率的增加而增加，火电的发电量随着渗透率的增加而下降，其中配备储能的系统变化幅度会更大一点，这是由于在配备储能的系统中，储能可以提高风光的容量信用，提高其出力水平。储能的充放电量也随着渗透率和负荷的增加而不断增加。

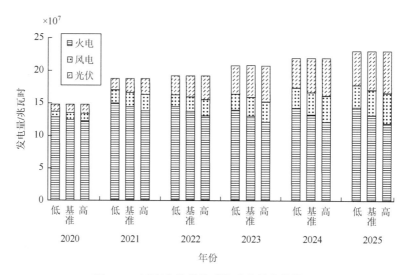

图 2-24 不配备储能的系统发电量变化情况

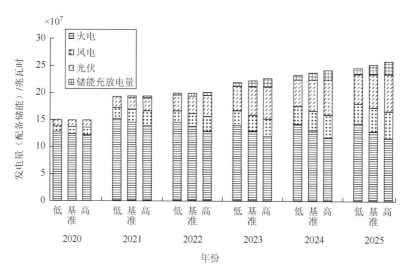

图 2-25 配备储能的系统发电量和储能充放电量的变化情况

其次，本节测算了陕西省 2020～2025 年新能源装机渗透率浮动 5 个百分点的情景下，不配备储能和配备储能的电网系统机组利用小时数变化情况，具体如图 2-26 和图 2-27 所示。

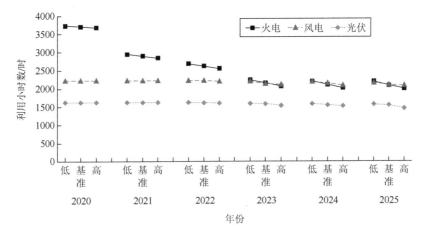

图 2-26 不配备储能的电网系统机组利用小时数变化情况

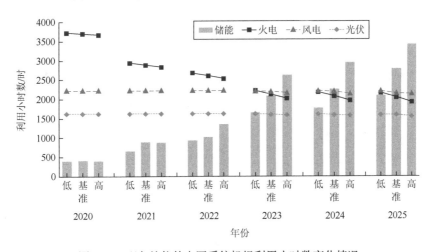

图 2-27 配备储能的电网系统机组利用小时数变化情况

由图 2-26 和图 2-27 可知，当系统负荷和渗透率较低时，随着渗透率的变化，各机组利用小时数的变化不太明显，而随着渗透率和系统负荷的增加，渗透率变动对利用小时数的影响开始显著增大。其中，火电机组利用小时数呈下降趋势，风光机组利用小时数也稍微有所下降；配备储能的系统相对不配备储能的系统，其利用小时数的变化总体上稍微明显一些。配备储能的系统中，储能的利用小时数也在不断增加。

最后，本节测算了陕西省 2020～2025 年新能源装机渗透率浮动 5 个百分点的情景下，电力系统在不配备储能和配备储能情况下弃能率的变化情况，具体结果如图 2-28 和图 2-29 所示。

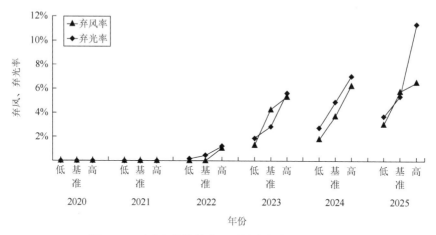

图 2-28　不配备储能的电网系统弃能率灵敏度分析

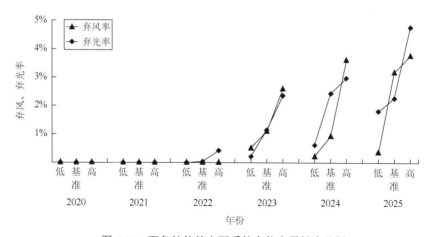

图 2-29　配备储能的电网系统弃能率灵敏度分析

由图 2-28 和图 2-29 可知，整体来看，弃风、弃光率随着渗透率和负荷的增加而增加，配备储能的系统中弃风、弃光率的绝对值显著下降。但当渗透率超过 40%时（2023 年），弃风、弃光率迅速升高。因此在应对高渗透率的电力系统时，需要采用其他灵活性选项，以降低弃能量。

2.3.3　电力系统运行成本灵敏度特征

第一，本节测算了陕西省 2020～2025 年新能源装机渗透率浮动 5 个百分点的情景下，电力系统在不配备储能和配备储能情况下总成本的变化情况，具体结果如图 2-30 和图 2-31 所示。

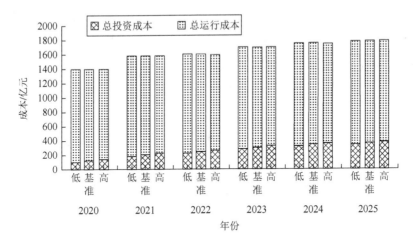

图 2-30　不配备储能的电力系统总成本灵敏度分析

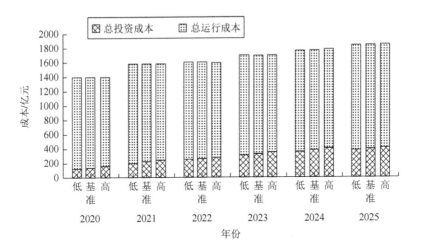

图 2-31　配备储能的电力系统总成本灵敏度分析

由图 2-30 和图 2-31 可知，总投资成本和总运行成本随着系统负荷和渗透率的增加而增加，变化规律与图 2-5 基本类似，其中总投资成本的增加速度更快。

第二，本节测算了陕西省 2020～2025 年新能源装机渗透率浮动 5 个百分点的情景下，电力系统在不配备储能和配备储能情况下机组侧成本的变化情况，具体结果如图 2-32 和图 2-33 所示。

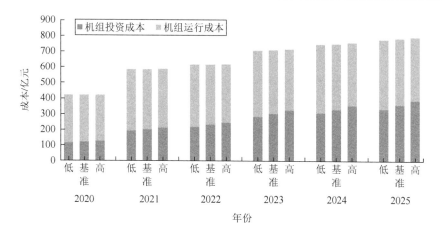

图 2-32　不配备储能的机组侧成本灵敏度分析

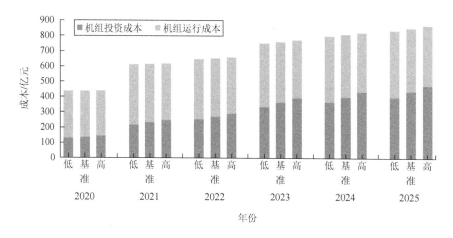

图 2-33　配备储能的机组侧成本灵敏度分析

由图 2-32 和图 2-33 可知，机组侧成本变化规律与总成本变化规律基本相似，也就是机组投资成本和机组运行成本随着系统负荷和渗透率的增加而增加，其中机组投资成本的增加速度更快。

第三，本节测算了陕西省 2020～2025 年新能源装机渗透率浮动 5 个百分点的情景下，电力系统在不配备储能和配备储能情况下电网侧成本的变化情况，具体结果如图 2-34 和图 2-35 所示。由图 2-34 和图 2-35 可知，当负荷相同时，电网运行成本和投建线路成本总体上随着渗透率的增加而降低；同时，电网运行成本的变化规律与投建线路成本的变化规律有所不同，与图 2-7 类似，如果考虑到负荷的增加和新能源渗透率的增加，实际上电网侧的平均成本是呈下降趋势的，这是由于在投建新能源机组的过程中，系统会选择投建一些高效线路，因此虽然投建线路成本有所上升，但其运行成本会因此而下降。

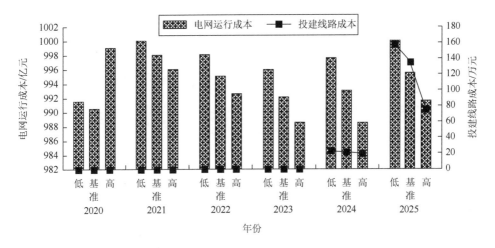

图 2-34　不配备储能的电网侧成本灵敏度分析

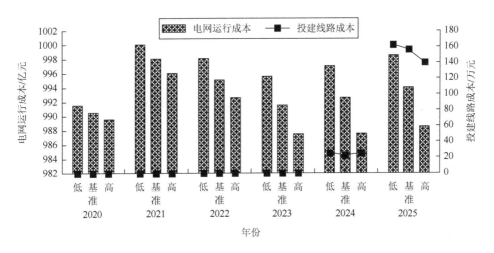

图 2-35　配备储能的电网侧成本灵敏度分析

第四，本节测算了陕西省 2020～2025 年新能源装机渗透率浮动 5 个百分点的情景下，电力系统在不配备储能和配备储能情况下度电成本的变化情况，具体结果如图 2-36 和图 2-37 所示。

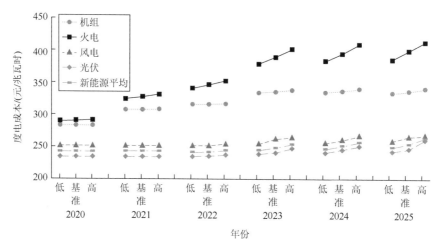

图 2-36　不配备储能的电网度电成本灵敏度分析

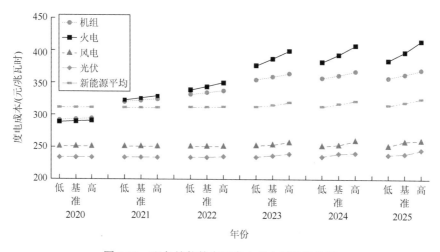

图 2-37　配备储能的电网度电成本灵敏度分析

由图 2-36 和图 2-37 可知，整体来看，度电成本随着系统负荷和渗透率的增加而增加。在配备储能的系统中，由于储能成本的加入，在渗透率和系统负荷较低时，如 2020 年，改变渗透率对度电成本影响不大，此时火电度电成本反而低于新能源平均度电成本；随着渗透率的不断增加，储能的优势开始逐渐变得明显，新能源度电成本开始低于火电度电成本，所有机组的平均度电成本也随着渗透率的增加而增加。

第五，本节测算了陕西省 2020～2025 年新能源装机渗透率浮动 5 个百分点的情景下，电力系统在不配备储能和配备储能情况下边际度电成本的变化情况，具体结果如图 2-38 和图 2-39 所示。

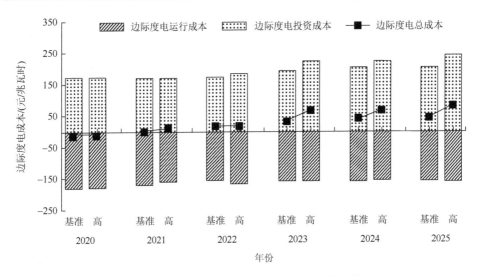

图 2-38　不配备储能的电网边际度电成本灵敏度分析

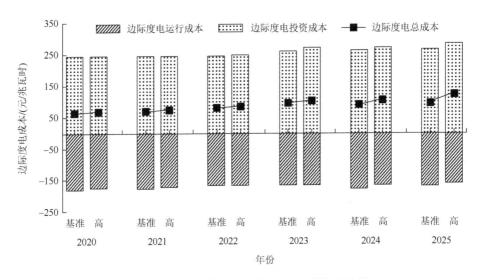

图 2-39　配备储能的电网边际度电成本灵敏度分析

由图 2-38 和图 2-39 可知，整体来看，边际度电成本随着系统负荷和渗透率的增加而增加。在配备储能的系统中，边际度电总成本更高。在渗透率较低时，边际度电成本变化不太明显，随着渗透率和负荷的增加，尤其是在 2023 年之后，其增长趋势开始逐渐明显。这揭示出电力系统需要根据实际情况，在"双碳"目标和经济性中进行相机抉择，选择合适的渗透率。

第3章　陕西电力系统目标渗透率适配效应研究

本章首先研究陕西省电力系统在目标渗透率匹配场景下的建设、运行及成本支出情况，分析现有规划的合理性。其次通过分析不同场景下电力系统中火电的度电成本，结合陕西省上网电价，探究具体场景下的电力系统建设情况是否满足火电的生存边际条件。最后，分析陕西电力系统"运行侧＋成本侧"的储能效益与策略。

3.1　目标渗透率匹配场景下运行优化特征分析

在陕西省实际案例测算中，系统负荷和系统装机容量都有一定规划，需要调节系统结构以同时满足上述约束。本节根据系统负荷和渗透率结构，通过源网荷储协同优化模型和参数选择依据以及具体设定，确定系统最优电源结构、运行状态及系统成本等要素，为陕西省电网发展提供依据。

设定目标渗透率匹配场景如下：陕西省新能源渗透率有 30%、40%、50%和60%四个场景，且所有场景均配备了储能选项；负荷分别选择 2020 年负荷的 1 倍、1.2 倍、1.4 倍、1.6 倍、1.8 倍和 2 倍场景。

3.1.1　目标渗透率匹配场景下电力系统装机容量结构和新建线路容量

基于源网荷储协同优化模型和参数选择依据以及具体设定，本节测算了目标渗透率匹配场景下的电力系统装机容量结构和新建线路容量，具体结果如图 3-1 所示。

由图 3-1 可知，总的来看，在负荷一定的情况下，火电装机容量随着新能源渗透率的增大而减小，风光和储能装机随着新能源渗透率的增大而增大；在渗透率不变的情况下，各机组装机容量均随着负荷的增加而增加；当负荷较小时，现有的电网线路足以满足日常运行，当负荷大于或等于 2020 年的1.6 倍后，电网侧需要增加线路投资，整体来看，新建线路容量随着系统负荷和新能源渗透率的增加而增加。

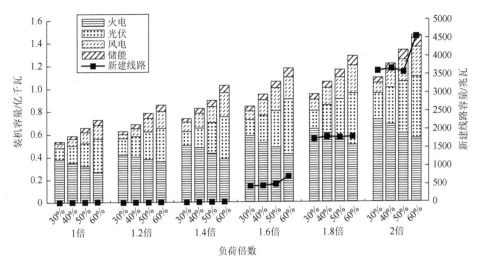

图 3-1　目标渗透率匹配场景下电力系统装机容量结构和新建线路容量

3.1.2　目标渗透率匹配场景下电力系统运行效应

基于源网荷储协同优化模型和参数选择依据以及具体设定，本节测算了目标渗透率匹配场景下的各机组发电量及储能充放电量、各机组利用小时数，以及弃风、弃光率，具体结果如图 3-2～图 3-4 所示。

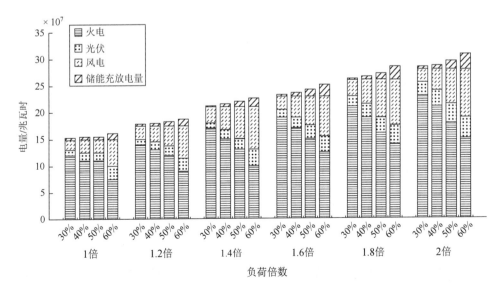

图 3-2　目标渗透率匹配场景下的各机组发电量及储能充放电量

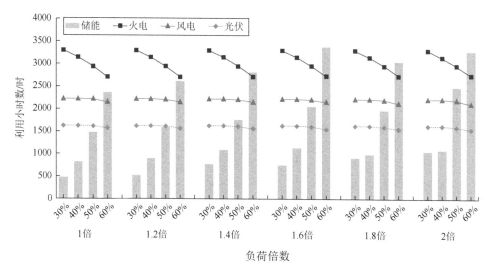

图 3-3　目标渗透率匹配场景下的各机组利用小时数

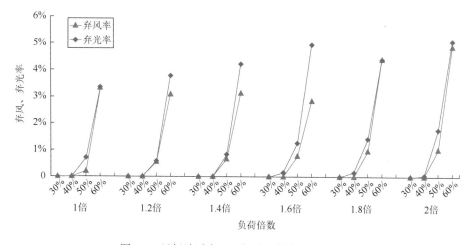

图 3-4　目标渗透率匹配场景下的弃风、弃光率

图 3-2 显示，整体来看，在负荷相同的情况下，风光发电量随着渗透率的增加而增加，火电发电量随着渗透率的增加而下降，储能充放电量也随着渗透率的增加而不断增加；同理，在渗透率一定的情况下，风光发电量随着系统负荷增加而增加，火电发电量随着系统负荷增加而增加，储能充放电量也随着系统负荷增加而不断增加。

图 3-3 展示的各类机组利用小时数也有类似特征，不同之处在于，在负荷相同的情况下，风光利用小时数随着渗透率的增加而下降，这是由于新能源出力不稳定，实际装机有所冗余，利用小时数呈下降趋势。

　　由图 3-4 可以看出，在负荷相同的情况下，弃风、弃光率随着渗透率增加而增加；在渗透率一定的情况下，弃风、弃光率总体上随着系统负荷增加而增加。当负荷小于 1.6 倍负荷时，系统在 50%及以上的渗透率时出现弃风、弃光现象；当负荷大于 1.6 倍负荷后，40%的渗透率下就会出现弃光现象。

3.1.3　目标渗透率匹配场景下电力系统成本效应

　　基于源网荷储协同优化模型和参数选择依据以及具体设定，本节测算了目标渗透率匹配场景下的电网系统总成本、机组侧和电网侧成本、度电成本和边际度电成本，具体结果如图 3-5～图 3-9 所示。

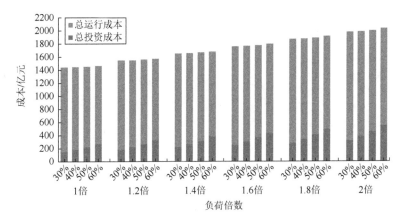

图 3-5　目标渗透率匹配场景下的电网系统总成本

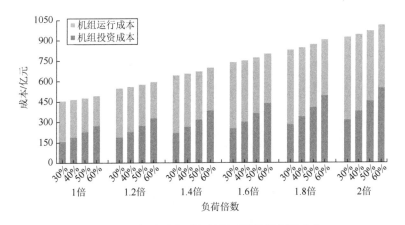

图 3-6　目标渗透率匹配场景下的机组侧总成本

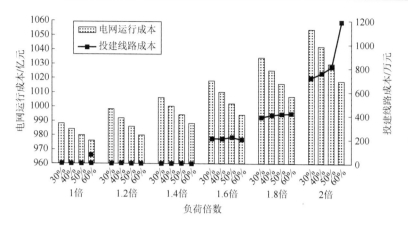

图 3-7　目标渗透率匹配场景下的电网侧成本

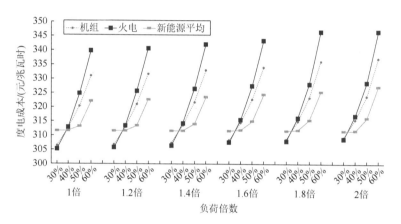

图 3-8　目标渗透率匹配场景下的电力系统度电成本

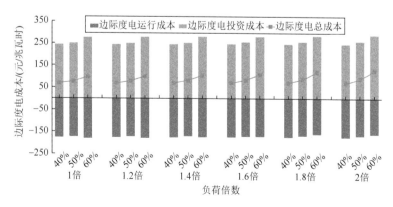

图 3-9　目标渗透率匹配场景下的电力系统边际度电成本

由图 3-5 可知，系统总成本随着系统负荷和新能源渗透率的增加持续上升，特别地，新能源机组相较于火电机组利用率较低，使得系统需要修建更多的新能源机组代替火电出力，这将会产生部分冗余建设，增加总投资成本。图 3-6 的机组侧成本的变化规律（机组投资成本的增速相较于机组运行成本更快）也可以验证这一结论。

由图 3-7 可知，电网侧的主要成本集中在运行层面，电网投建线路成本仅在 1.6 倍及以上负荷下产生。在负荷一定的情况下，电网运行成本随着新能源渗透率的增加而下降，这是由于在负荷一定的情况下，在新能源投建的过程中会不断优化新建的位置，从而使得系统电源分布更合理，电网运行成本得以降低。投建线路成本在一定区间之内会随着渗透率的增加而略微下降，或者变化不大，但是当负荷和渗透率过大时，需要投建的线路将会迅猛增加，导致成本大幅度上升。

由图 3-8 可知，在负荷一定的情况下，所有机组的度电成本均随着新能源渗透率的增加而增加。在新能源渗透率一定的情况下，各机组度电成本也随着负荷增加而增加。当渗透率较低时，火电度电成本低于新能源平均度电成本，随着渗透率的增加，火电度电成本迅速增加，超过新能源平均度电成本。

由图 3-9 可知，在所有情况下，边际度电投资成本均为正、边际度电运行成本均为负，说明在所有场景下，增加新能源渗透率均会导致度电投资成本的增加、度电运行成本的降低。边际度电总成本会随着系统负荷和新能源渗透率的增加而增加，其中渗透率的影响更加明显。

3.1.4　目标渗透率匹配场景与实际场景效应对比

为了进一步研究能源系统结构及备用率等因素对电力系统发展的影响，本节在目标渗透率匹配场景和实际场景（配备储能）中选择系统负荷和新能源渗透率较为接近的场景，比较分析其装机结构、利用小时数及度电成本等方面的差异。

场景具体选择如下：

目标渗透率匹配场景 1（理想场景 1）：负荷为 2020 年负荷的 1.2 倍，新能源渗透率为 30%。

实际场景 1：负荷为 2020 年负荷的 1.18 倍，新能源渗透率为 32%（即 2021 年的基准场景）。

目标渗透率匹配场景 2（理想场景 2）：负荷为 2020 年负荷的 1.4 倍，新能源渗透率为 40%。

实际场景 2：负荷为 2020 年负荷的 1.38 倍，新能源渗透率为 41%（即 2024 年的低渗透场景）。

基于源网荷储协同优化模型和参数选择依据以及具体设定，本节测算了这四大场景下的最优装机容量、利用小时数和度电成本，具体结果如图 3-10～图 3-12 所示。

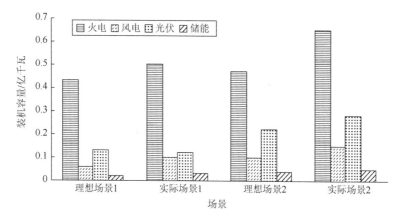

图 3-10　目标渗透率匹配场景和实际场景下的最优装机容量对比

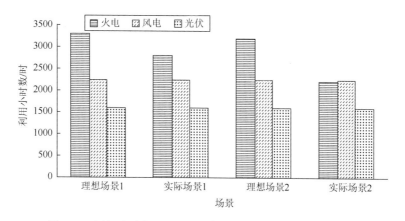

图 3-11　目标渗透率匹配场景和实际场景下的利用小时数对比

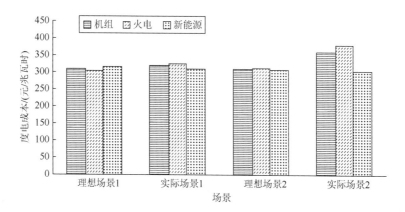

图 3-12　目标渗透率匹配场景和实际场景下的度电成本对比

由图 3-10 可以看出，在系统负荷和新能源渗透率接近的情况下，目标渗透率匹配场景下（理想场景 1 和理想场景 2）各类机组的最优装机容量明显低于实际场景，如实际场景 1 中的风电最优装机容量为 0.104 亿千瓦，约为理想场景 1 中风电最优装机容量（0.062 亿千瓦）的 168%；实际场景 2 中的火电最优装机容量为 0.656 亿千瓦，为理想场景 2 中火电最优装机容量（0.479 亿千瓦）的 137%。这说明陕西省现在的装机容量实际上有很大的裕度，虽然有利于提高电力系统的风险应对能力，但同时也造成了一定的资源浪费。

由图 3-11 可知，总的来看，实际场景与理想场景对比，所有机组的利用小时数均有所下降，其中火电机组的利用小时数下降最为明显。随着负荷和渗透率的增加，这一现象会更加显著，如与理想场景 1 对比，实际场景 1 中的火电利用小时数下降幅度约为 12.3%，而实际场景 2 中的火电利用小时数相较理想场景 1 的下降幅度约为 30%。这是由于实际场景中的各项机组装机容量均有一定裕度，由于风光机组在调度过程中占优先地位，其利用小时数下降仅是由于风光装机溢出引起的；对于火电机组而言，其利用小时数的下降不仅受火电装机溢出的影响，还会因风光装机容量的增加而进一步压缩其出力空间。而当渗透率和系统负荷增高时，各类装机的裕度将会进一步增加，其利用小时数的下降就会更加明显。

由图 3-12 可知，总的来看，实际场景与理想场景对比，度电成本均有所上升，其中火电的度电成本增加最明显。当负荷和渗透率较低时，火电度电成本、所有机组的平均度电成本和新能源机组的平均度电成本相差不大；随着负荷和渗透率的增加，新能源机组的平均度电成本依旧保持平稳，而火电度电成本则增加得十分明显。例如，作为度电成本最高的实际场景 2，其火电和新能源的度电成本分别为 357 元/兆瓦时和 313 元/兆瓦时，而在度电成本最低的理想场景 1 中，火电和新能源的度电成本分别为 306 元/兆瓦时和 311 元/兆瓦时。

综上所述，本节发现目标渗透率匹配场景在最优装机容量、利用小时数及度电成本方面都更加经济，其主要原因在于现实情况中的电网规划需要预留更多的安全裕度，以应对可能出现的负荷峰值；另外考虑到现有火电也将逐步退役，因此设定较高安全裕度具有一定合理性。但是随着新能源渗透率的不断增加，传统的源随荷动的调度模式已经难以适应。

随着新能源渗透率的增加，根据规划的安全裕度所建设的电力系统将面临利用小时数下降、度电成本上升的局面，尤其是对于火电，这一问题将更加严重。因此，电力系统未来建设需要充分调动负荷侧资源，通过需求侧响应进行削峰填谷，从而实现源荷协调，降低机组建设容量，构建经济可行、安全稳定的新型电力系统。

3.2　电力系统保障火电生存的边界条件分析

为了实现"双碳"目标，增加新能源渗透率是重要的路径选择。3.1 节是站在电力系统的角度进行综合分析，但在电力系统实际运行过程中，不仅要追求系统成本的最低，也要关注系统中各主体的生存边界条件，保证"双碳"目标平稳高效实现。本节通过对比火电上网电价，围绕火电度电成本探讨不同场景下保障火电生存的边界条件。

3.2.1　保障火电生存边界的现实背景

随着"双碳"行动的逐步落实，新能源机组在我国电力系统中的渗透率必然逐步提升，这对火电企业来说意味着更大的竞争以及更高的度电成本。同时，在构建新能源高渗透率的新型电力系统的背景下，煤电角色正逐渐向基础保障性和系统调节性电源转型，这必将影响煤电企业的盈利水平。当前，火电仍是我国电力供应的主体电源，发挥着兜底保障作用，但其生存状况不容乐观。根据五大发电集团旗下上市企业华能国际（600011）、大唐发电（601991）、国电电力（600795）、华电国际（600027）和中国电力（02380）的财务报表，2021 年这五家企业均出现了不同程度的亏损。2021 年华能国际、大唐发电、华电国际、中国电力归属于上市公司股东的净利润分别为–102.64 亿元、–92.64 亿元、–49.65 亿元、–5.16 亿元（权益持有人），分别同比减少 324.85%、404.71%、211.8%、130.2%。根据国电电力预亏公告，国电电力预计 2021 年实现归属于上市公司股东的净利润亏损 16 亿元至 23 亿元，同比减少 137.88%至 154.45%。（2022 年 4 月 25 日国电电力发布的 2021 年年度报告中，实际归属于上市公司股东的净利润为–19.68 亿元，同比减少 146.48%，主要原因是燃煤价格上涨，导致发电营业成本较上年上升。）在 2021 年燃料成本上涨的大背景下，一些煤电企业的毛利率已降至负值。例如，2021 年华能国际的电力及热力板块的营业成本上升 45.96%，毛利率为–2.79%。华电国际的电力板块的营业成本上升 49.79%，毛利率为–5.76%。2022 年 4 月 19 日，国务院新闻办公室就 2022 年一季度中央企业经济运行情况举行发布会，会上，国务院国有资产监督管理委员会秘书长、新闻发言人彭华岗在回答记者提问时说："去年央企大家知道，在煤炭价格上涨的同时，电力企业保供，煤电业务亏损了 1017 亿元。"

"长期来看，火电设备利用小时数会不断降低，同时提供电力辅助服务（调峰、调频等）。"2022 年，中国能源政策研究院院长林伯强在接受《中国经营报》记者采访时表示，火电企业的收入与利用小时数和电价两方面相关，假如利用小时数降低 50%,电价能否相应上调 1 倍,这关系到火电企业的生存由谁来买单的问题。因此,对于火电企业转型需要通过政策给予补偿性支持,同时发挥市场电价机制的调节作用,从火电企业的收入侧以及电价角度完善电力市场体制改革,改善当前火电企业的生存困境。

2021 年 10 月国家发展改革委印发《关于进一步深化燃煤发电上网电价市场化改革的通知》,其中提到"燃煤发电电量原则上全部进入电力市场,通过市场交易在'基准价 + 上下浮动'范围内形成上网电价。现行燃煤发电基准价继续作为新能源发电等价格形成的挂钩基准""将燃煤发电市场交易价格浮动范围由现行的上浮不超过 10%、下浮原则上不超过 15%,扩大为上下浮动原则上均不超过 20%,高耗能企业市场交易电价不受上浮 20% 限制。电力现货价格不受上述幅度限制"。对于上网电价波动幅度的放宽,有助于火电企业减少因成本上涨导致的亏损,促进自身实现更好的发展。

2021 年 12 月,国家能源局发布《电力并网运行管理规定》和《电力辅助服务管理办法》,扩大了电力辅助服务主体,丰富了电力辅助服务新品种,明确了补偿方式与分摊机制,并提出逐步建立电力用户参与辅助服务分担共享机制。火电企业将在辅助服务市场、体现调节价值的同时增加一定收益。

煤炭市场价格的稳定以及在合理区间运行,对于火电企业的正常运营至关重要。2022 年 2 月及 4 月,国家发展改革委又分别出台了《关于进一步完善煤炭市场价格形成机制的通知》及《关于明确煤炭领域经营者哄抬价格行为的公告》,明确提出了煤炭出矿环节中长期和现货交易价格的合理区间。其中,秦皇岛港下水煤(5500 千卡)中长期交易价格合理区间为 570~770 元/吨;山西(5500 千卡)中长期交易价格合理区间为 370~570 元/吨。《关于明确煤炭领域经营者哄抬价格行为的公告》中提到"经营者的煤炭现货交易销售价格,超过国家或者地方有关文件明确的中长期交易价格合理区间上限 50% 的",可视为哄抬价格行为。因此,秦皇岛港下水煤(5500 千卡)现货价格若每吨超过 1155 元,如无正当理由一般可认定为哄抬价格;山西煤炭、陕西煤炭、蒙西煤炭、蒙东煤炭(3500 千卡)现货价格若每吨分别超过 855 元、780 元、690 元、450 元,如无正当理由也被视为哄抬价格。

2022 年 3 月,为进一步做好煤炭中长期合同签订履约工作,规范签订行为,签足签实合同,督促严格履约,保障发电供热用煤稳定可靠供应,国家发展改革委对开展煤炭中长期合同签订履约专项核查进行了部署。长期来看,火电的角色将逐步由主要电源向调频、备用、容量服务提供者转变,电量 + 辅助服务 + 容量服务三重收益共同确保火电合理收益。火电凭借其灵活性,仍是目前最具经济性且可规模化的调峰电源,是提升新能源消纳能力的重要支撑。"十三五"期间,火电灵活性改造规模未达预期,主要原因是市场机制不完善,导致缺乏经济激励。

3.2.2 电力系统火电生存边界条件

陕西省物价局印发的《关于合理调整电价结构有关事项的通知》提到，"自 2017 年 7 月 1 日起，陕西电网统一调度范围内，执行燃煤机组（含热电联产机组）脱硫、脱硝、除尘标杆上网电价及新投产且安装运行脱硫、脱硝、除尘设施的燃煤机组上网电价每千瓦时提高为 0.3545 元"。因此，本节设定满足生存边际条件的最低火电度电成本为 354.5 元/兆瓦时，当火电度电成本低于该水平时，说明火电生存困难。

基于源网荷储协同优化模型和参数选择依据以及具体设定，本节测算了实际场景与目标渗透率匹配场景中不同新能源渗透率下的火电度电成本，具体结果如图 3-13 和图 3-14 所示。

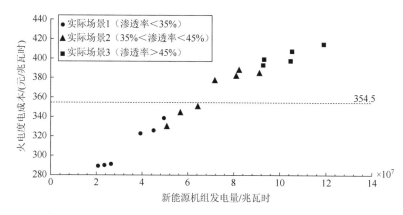

图 3-13　实际场景下的火电生存边际分析

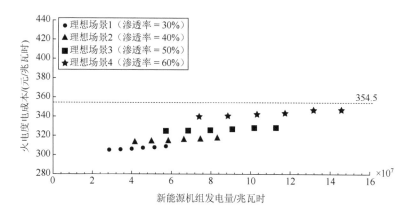

图 3-14　目标渗透率匹配场景下的火电生存边际分析

由图 3-13 可以看出，仅当新能源渗透率低于 35%时，所有实际场景 1 下火电都可以满足生存边际条件；当渗透率为 35%～45%时，约半数实际场景 2 下火电可以满足生存边际条件；当渗透率大于 45%时，所有实际场景 3 下的火电都不能满足生存边际条件。图 3-14 展示了目标渗透率匹配场景下的火电生存边际分析，可以看出几乎所有场景下火电都可以满足边际生存条件。

综合图 3-13 和图 3-14 来看，随着新能源渗透率的不断增加，火电的度电成本会不断上升，尤其是在实际场景下，由于系统存在较大裕度，火电生存空间进一步被挤压。因此，长远来看，随着电力市场体系不断完善，火电将从主力能源转变为备用调峰能源，火电的收益模式将从当前以电能量为主逐渐过渡至获取电能量、辅助服务、容量服务三重收入。

3.3　陕西电力系统"运行侧＋成本侧"储能效益与策略

2021 年 4 月国家发展改革委和国家能源局联合印发《关于加快推动新型储能发展的指导意见（征求意见稿）》，明确提出到 2025 年，新型储能装机规模达到 3000 万千瓦以上；到 2030 年，实现新型储能全面市场化发展。这有利于进一步完善储能政策机制、明确储能的独立市场主体地位、健全价格机制和"新能源＋储能"项目的奖励机制。2019 年 5 月 24 日，国家发展改革委和国家能源局又明确提出，抽水蓄能电站、电储能设施和电网所属且已单独核定上网电价的电厂的成本费用不得计入输配电定价成本。储能行业发展迎来了全面政策支持。"新能源＋储能"已成为推动能源绿色低碳转型、稳定能源市场的关键因素。

3.3.1　陕西电力系统"运行侧＋成本侧"储能效益

基于陕西省电力系统实际规划和目标渗透率匹配场景下电力系统运行效应及系统成本分析，本节发现储能在推进新能源加入电力系统中发挥着重要作用。根据陕西省"十四五"规划，在储能装机占比为新能源装机的 10%的情况下，加入储能后 2022～2025 年陕西省电力系统的运行效果如下。

从陕西电力系统运行侧和储能发电量方面来看，加入储能后，2022～2025 年，火电发电量将分别下降 269 508 兆瓦时、1 721 357 兆瓦时、2 203 997 兆瓦时、2 543 675 兆瓦时；风电发电量将分别增加 0 兆瓦时、917 579 兆瓦时、1 009 873 兆瓦时、1 052 554 兆瓦时；光伏发电量将分别增加 140 731 兆瓦时、849 690 兆瓦时、1 292 510 兆瓦时、1 815 145 兆瓦时。可以看出，随着新能源渗透率的增加，储能对陕西电力系统的影响日益增加。尤其是 2025 年，在新能源渗透率达到 48%时，风电及火电的发电量增长率分别为 2.51%和 3.04%。2022～2025 年，储能的充放电量分别为 3 188 857 兆瓦时、9 565 553 兆瓦时、11 706 268 兆瓦时、16 381 501 兆瓦时，相当于当年新能源发电量的 5.61%、11.63%、12.64%、15.67%。可以看出，尽管储能装机容量的占比始终为 10%，但在 2023 年充放电量的占比已经超过了 10%并且仍在增加，这意味着随着新能源渗透率的增加，储能的单位充放电量仍会继续提升。

从利用小时数来看，加入储能后，2022～2025 年火电的利用小时数分别将分别下降 5.08 时、28.19 时、34.84 时、40.03 时；风电利用小时数将分别增加 0 时、66.39 时、59.13 时、52.77 时；光伏利用小时数将分别增加 6.74 时、26.35 时、37.27 时、46.88 时。具体变化规律与发电量保持一致。

从弃风、弃光率来看，2023 年以后弃风、弃光率均有明显下降。2023 年弃风率从未加入储能的 4.26%下降至 1.11%，弃光率从 4.90%下降至 2.44%；2024 年弃风率从未加入储能的 3.72%下降至 0.94%，弃光率从 5.39%下降至 2.28%；2025 年弃风率从未加入储能的 5.79%下降至 3.19%，弃光率从 6.13%下降至 3.27%。

综上所述，加入储能后，火电出力占比降低，新能源出力占比提高，减少了弃能的现象，有利于降低整个电力系统的碳排放。同时随着新能源渗透率的增加，储能的积极作用得到进一步释放，这揭示出投建储能是高渗透率新能源系统的先决条件。虽然新增储能会增加短期投资成本，但储能可以有效地降低弃风、弃光率，保证电力系统安全稳定运行，从长远来看，随着储能行业的快速发展，未来储能成本将进一步下降。

从陕西电力系统成本侧和储能系统的整体成本来看，加入储能后，2022～2025 年的投资成本将分别增加 40.06 亿元、59.25 亿元、66.56 亿元、75.44 亿元；运行成本将分别减少 2.98 亿元、7.50 亿元、8.86 亿元、11.19 亿元；总成本将分别增加 37.08 亿元、51.75 亿元、57.70 亿元、64.25 亿元。从度电成本来看，加入储能后，2022～2025 年的系统度电成本将分别上升 19.23 元/兆瓦时、24.65 元/兆瓦时、25.98 元/兆瓦时、27.47 元/兆瓦时。其中，火电度电的成本呈下降趋势，2022～2025 年分别下降了 1.41 元/兆瓦时、0.16 元/兆瓦时、0.43 元/兆瓦时、0.13 元/兆瓦时；新能源机组平均度电成本呈下降趋势，2022～2025 年分别下降了 0.59 元/兆瓦时、5.32 元/兆瓦时、6.23 元/兆瓦时、6.96 元/兆瓦时；单位储能的充放电成本为 311.72 元/兆瓦时、315.34 元/兆瓦时、317.35 元/兆瓦时、319.86 元/兆瓦时。这揭示出加入储能后实际会造成所有机组的度电成本下降，但是当考虑储能成本后，整个系统机组成本仍旧呈上升趋势。

从边际度电成本来看，2022～2025 年运行侧的边际度电成本呈下降趋势，将分别下降 7.32 元/兆瓦时、6.93 元/兆瓦时、12.66 元/兆瓦时、13.47 元/兆瓦时；投资侧边际度电成本呈上升趋势，将分别增加 68.39 元/兆瓦时、60.21 元/兆瓦时、

64.28 元/兆瓦时、64.73 元/兆瓦时。可以看出，边际度电成本投资侧的变化幅度相较运行侧更大，再次说明储能投资成本是新能源渗透率增加过程中必须考虑的重要因素。需要说明的是，运行侧边际度电成本的下降幅度越来越大，说明当渗透率和储能量达到一定规模后，运行侧发挥的作用会更加明显。同时，投资侧的成本则相对稳定，这是因为在模型设置方面将储能的投建成本进行了固定，但在现实中储能的投资成本在未来会快速下降，此消彼长下未来边际度电成本大概率会随着储能的加入呈下降趋势，这证明以"新能源 + 储能"为代表的新型电力系统将是具有可行性的。

3.3.2　国内外"新能源 + 储能"应用特征

1. 国外"新能源 + 储能"应用特征

美国侧重于分布式能源和以智能电网为核心应用。美国能源部在 2001 年提出了综合能源系统（integrated energy system，IES）发展计划，目标是提高清洁能源供应与利用比例，进一步提高社会供能系统的可靠性和经济性，重点是促进分布式能源（distributed energy resource，DER）和冷热电联供（combined cooling, heating and power，CCHP）技术的进步和推广应用。2007 年 12 月美国颁布了《能源独立和安全法案》，明确要求社会主要供用能环节必须开展综合能源规划（integrated resource planning，IRP），并在 2007～2012 财年追加 6.5 亿美元专项经费支持 IRP 的研究和实施；奥巴马总统在任期间，将智能电网列入美国国家战略，以保证美国在未来引领世界能源领域的技术创新革命。在需求侧管理技术上，美国包括加利福尼亚州、纽约州在内的许多地区在新一轮电力改革中，明确把需求侧管理和提高电力系统灵活性作为重要方向。

欧洲各国也根据自身能源发展需求进行综合能源系统实践。英国企业注重能源系统间能量流的集成。英国和欧洲大陆的电力和燃气网络仅通过相对小容量的高压直流线路和燃气管道相连，英国政府和企业一直致力于建立一个安全和可持续发展的能源系统。除了国家层面的集成电力燃气系统，社区层面的分布式综合能源系统应用在英国得到巨大支持。例如，英国的能源与气候变化部（Department of Energy and Climate Change，DECC）和英国创新机构 Innovate UK 与企业合作资助了大量区域综合能源系统应用。2015 年 4 月 Innovate UK 在伯明翰成立"能源系统弹射器"（Energy Systems Catapult），每年投入 3000 万英镑，用于支持英国的企业重点开发综合能源系统。

德国企业更侧重于能源系统和通信信息系统间的集成。为期四年的 E-Energy 技术创新促进计划，总投资约 1.4 亿欧元，包括智能发电、智能电网、智能消费和智能储能四大方面的标志性项目，2008年选择了6个试点地区，最大负荷和用电量均减少了10%～20%。在E-Energy项目实施以后，德国政府还推出了IRENE（Integration regenerativer Energien und Elektromobilität，新能源及电动汽车并网示范项目）、Peer Energy Cloud（对等能源云）和Future Energy Grid（未来能源电网）等项目。

日本主要致力于智能社区技术的研究与示范实践。在日本政府的大力推动下，形成了智能社区，类似于加拿大的ICES（Integrated Community Energy Solution，综合社区能源解决方案），是在社区综合能源系统（包括燃气、热力等）的基础上，实现与交通、供水、信息和医疗系统的一体化集成。东京瓦斯（Tokyo Gas）株式会社提出了更为超前的综合能源系统解决方案，将建设覆盖全社会的氢能供应网络，同时在能源网络的终端，不同的能源使用设备、能源转换和存储单元将共同构成终端综合能源系统。

根据能量存储方式的不同，储能技术主要分为机械储能（抽水蓄能、压缩空气储能、飞轮储能）、电磁储能（超导储能、超级电容）、电化学储能（锂离子电池、钠硫电池、铅酸电池、镍镉电池、锌溴电池、液流电池）及变相储能（熔融盐储能、水冷储能）。特别地，还有储热、储冷、储氢等。不同的储能技术，在寿命、成本、效率、规模、安全等方面优劣不同。同时，由于具体条件不同，储能目的各有差异，储能方式的选择还取决于对发电装机、储能时长、充电频率、占地面积、环境影响等诸多方面的要求。

根据中关村储能产业技术联盟发布的报告，截至2020年6月底，全球已投运电力储能项目的累计装机规模达185.3吉瓦，同比增长1.9%，全球已投运电化学储能项目累计装机规模为10 112.3兆瓦，突破10吉瓦大关，同比增长36.1%。国际可再生能源署（International Renewable Energy Agency，IRENA）对全球储能市场规模的预测结果显示，2030年全球固定式储能电站容量将达到100吉瓦时至167吉瓦时，理想场景下将达到181吉瓦时至421吉瓦时，无论哪种场景，应用于光伏电量的储能容量都是占比最大的。

国外储能应用主要集中于快速平衡服务和可再生能源并网领域，并且能源企业逐渐从资产所有者向服务提供商转变，专注于储能系统建设和为客户提供运营服务。例如，英国Anesco公司将其无补贴太阳能发电厂Clayhill出售给英国的另一家能源公司GRIDSERVE，迈出了从资产所有者向服务提供商转型的重要一步，转向了为太阳能和储能市场提供全生命周期的工程服务。

2. 国内"新能源＋储能"应用特征

国网（天津）综合能源服务有限公司采用规划—投资—建设—运营一体化模式，负责国网客服中心北方园区的建设运营。园区以电能为唯一外部能源，依托绿色复合能源网运行调控平台，实现对园区冷、热、电、热水等的综合分析、统一调度和优化管理。国网客服中心北方园区项目设备配置情况见表 3-1。

表 3-1　国网客服中心北方园区项目设备配置情况

系统名称	系统容量
光伏发电系统	总容量为 813 千瓦
地源热泵	总制冷量 3585 千瓦，制热量 3801 千瓦
储能微网	由 50 千瓦×4 小时铅酸电池储能、48 千瓦光伏发电以及 40 千瓦公共照明组成
冰蓄冷	总制冷量 6300 千瓦，制冰量 4284 千瓦；蓄冰总量 10 000 冷吨/时
太阳能空调	630 平方米集热器；配置总制冷量 1060 千瓦及总功率 57 千瓦热泵备用源
太阳能热水	1470 平方米 U 形管供热
蓄热式电锅炉	四台电锅炉总制热量 8280 千瓦，三组蓄热水箱，总体积 2025 立方米
能源网调控平台	

整个北方园区能效比为 4.5，可再生能源占比约 40%，具体的项目运行经济效果如表 3-2 所示。从年节省运行费用占比看，地源热泵经济性最好，占比为 52%；其次，光伏发电系统、能源网调控平台、太阳能热水系统排在第二阶梯，年节省运行费用的占比分别为 16%、11% 和 9%；太阳能空调系统、冰蓄冷系统和蓄热式电锅炉系统的占比分别仅为 5%、5% 和 1%。

表 3-2　项目运行经济效果

系统名称	年节省运行费用/万元	年节约电量（削峰填谷电量）/万千瓦时
光伏发电系统	159.26	107.1
地源热泵	518.5	575.9
储能微网	—	—
冰蓄冷	46.1	103.4
太阳能空调	52.76	57.4
太阳能热水	84.67	94.05
蓄热式电锅炉	13.96	37.45
能源网调控平台	112.45	124.9
总计	987.7	1100.2

从节约成本的角度来看，按该项目能源系统的运行数据计算，每年可累计节

约电量约 1100.2 万千瓦时，每年可累计节省运行费用 987.7 万元；从环境效益看，每年可节约能源约 3531 吨标准煤，减排二氧化碳约 1 万吨、二氧化硫约 73 吨、氮氧化物约 40 吨。

国网客服中心采用"7 + 1"（7 个能源子系统和 1 个能源调控平台）综合能源托管服务模式，是国内率先以电为中心、灵活接纳多种能源形式的综合能源供应系统。这种以电为中心、多方共赢的能源托管模式成为天津乃至全国重点园区模仿的标杆。

此外，松山湖智能电网示范区按照"1 + N + 1"的建设思路，全面开展 1 张安全可靠电网、N 个综合能源项目、1 个能源互联共享平台的建设。随着企业入驻率的不断提高，平台将逐步接入更多的综合能源项目，最终形成整个园区用户的全覆盖。

东莞松山湖能源互联共享平台基于"大云物移智"技术，是以东莞松山湖高新技术产业开发区为试点的智网慧能信息共享平台，面向电网、政府、供能企业、用户、竞争性企业等多方主体，实现用户侧、分布式资源全面状态感知，支撑竞争性业务的横向延展，实现多能协同优化、一体化设施运维、客户服务等具有用户黏性和价值创造的功能。其业务模块主要包括能源运营管理、能源协同与优化、能源模型建模、能源能量管理、能源设施运维服务和能源客户服务。截至 2019 年 12 月 13 日，平台已接入了光伏站点 6 个、储能站 6 个、充电站 2 个、充电桩 20 条、柔性负荷 3 个，以及由以上元素任意组合形成的微网 2 个、智能配电房 1 个，同时具备对能源路由器、冷热电三联供机组的管理能力，实现了对用能侧主要元素的全覆盖。

3.3.3　陕西储能应用场景、发展规模特征及其策略

1. 储能实践应用场景分析

（1）电网侧储能的主要功能是有效提高电网安全运行水平，实现电能在时间和空间上的负荷匹配，增强可再生储能能源消纳能力，在电网系统备用、缓解高峰负荷供电压力和调峰调频方面意义重大。电网侧储能规划主要是从系统运营公司的角度出发，目的是确定储能设备的最优位置及容量，最大限度地发挥储能削峰填谷和改善电网线路阻塞的能力，实现储能投建的社会效益最大化。实际上，对新能源不确定性的刻画只需达到一定的精细化程度即可满足规划需求。如何实现储能效用的最大化，最终还是取决于储能的合理选型和定容，以及适当的多点布局。同样的储能，部署到网架的不同位置所能发挥的效果差异显著。另外，不同的位置所需要配置的储能容量也不尽相同。电网侧储能的规划不仅要优化选址和定容，还需综合考虑不同类型储能设备的运行特性、投建成本构成，以及其应

用领域和时间尺度的差异，从而实现储能的合理选型。

（2）电源侧储能的应用主要包括集中式新能源利用、调频辅助服务应用、调峰辅助服务应用三种应用模式。电源侧储能规划侧重于厂站级或者区域级规划，其关注点在于储能对区域内灵活性的提升以及对应外部特性的改善，通常不计及网架的影响。通过对储能在电源侧单点的配置容量以及运行策略进行优化设计，可使储能与各类电源得以协调互补运行。同时，从发电公司的角度出发，结合自身需求进行储能容量优化，可以优化电源侧结构，提升电源的灵活调节能力，从而满足电源并网要求或提升自身效益。

电源侧储能规划主要分为在常规发电侧和在新能源侧的配置。在常规发电侧配置储能的主要作用是提升常规发电机组的灵活性，更偏重设备改造升级，从而使其可以满足一定的技术要求，以及可以参与提供辅助服务，进而得到一定的收益；在新能源侧配置储能是当前的热点，中国多个省、区（比如山西、新疆）相继出台相关文件，要求光伏、风电等新能源电站加装储能系统，占比在 5%~20% 不等。电源侧储能配置，是从系统资源联合优化角度，分析储能对新能源电站各类运行指标以及系统运行效益的提升，以优化决策出储能的最佳容量配置。换言之，其主要解决的是"配多少"的问题。同时，相较于传统新能源单独配置，储能参与的新型"新能源＋"模式可以有效利用资源的互补特性，避免能源浪费及设备利用率低等问题，从而更好地实现源端多能互补体系的构建。目前，风-光-储、风-光-水-储、风-光-热-储互补系统的整体规划与协调调度已然成为清洁能源规模化开发、深度互补利用的新范式。在实际工程方面，中国已开展并建成多项多能互补示范工程项目，如青海鲁能海西州多能互补集成优化国家示范工程集"风、光、热、蓄、调、荷"于一体，通过智能调控实现了纯清洁能源的多能互补与高效利用。

（3）用户侧储能包括微电网、光储发电、独立储能等，主要应用于分时电价管理、容量费用管理、电能质量管理、需求侧响应等方面，是帮助电力用户实现分时段电价管理的主要手段。用户在电价较低时对储能系统充电，在高电价时放电。用户在自身用电负荷较低的时段对储能设备充电，在高负荷时，利用储能设备放电，从而降低自己的最高负荷，达到降低容量费用的目的，提高供电质量和可靠性。

2. 我国储能发展规模及其特征

根据《储能产业研究白皮书 2022》，2021 年全球新增投运电力储能项目装机规模 18.3 吉瓦，同比增长 185%，其中，新型储能的新增投运规模最大，并且首次突破 10 吉瓦，达到 10.2 吉瓦，是 2020 年新增投运规模的 2.2 倍，同比增长 117%。美国新型储能的新增投运规模占全球市场的 34%，中国占全球市场的 24%，欧洲占全球市场的 22%，三者合计占全球市场 80%，引领全球储能市场的发展。为积极落实"双碳"行动，我国新型储能发展迅猛。国家发展改革委和国家能源局于 2021 年 7 月 15 日发布了《关于加快推动新型储能发展的指导意见》，除了完善政策机制、营造健康市场环境，也明确指出"坚持储能技术多元化，推动锂离子电池等相对成熟新型储能技术成本持续下降和商业化规模应用，实现压缩空气、液流电池等长时储能技术进入商业化发展初期，加快飞轮储能、钠离子电池等技术开展规模化试验示范，以需求为导向，探索开展储氢、储热及其他创新储能技术的研究和示范应用"。2021 年 14 个省（区、市）相继发布了储能规划，20 多个省（区、市）明确了新能源配置储能的要求，项目装机规模大幅提升，2021 年新增储能项目（含规划、在建、投运）865 个，规模共计 26.3 吉瓦。其中，百兆瓦级项目（含规划、在建、投运）的数量刷新纪录，达到 78 个，超过 2020 年同期的 9 倍，百兆瓦级项目多为独立储能或共享储能形式，在体量上具备为电网发挥系统作用的基础和条件。

技术应用上抽水蓄能和锂电池是主要的储能技术，压缩空气、液流电池、飞轮储能等技术也成为 2021 年国内新型储能装机的重要力量。2021 年抽水蓄能新增规模 8 吉瓦，同比增长 437%；新型储能新增规模首次突破 2 吉瓦，达到 2.4 吉瓦，同比增长 54%；新型储能中，锂离子电池和压缩空气均有百兆瓦级项目并网运行，特别是后者，在 2021 年实现了跨越式增长，新增投运规模 170 兆瓦，接近 2020 年底累计装机规模的 15 倍。从接入位置应用场景来看，2021 年中国新增新型储能项目主要应用于电源侧，约占 41%，主要用于风能和光能的储能；电网侧次之，约占 35%，主要用于独立储能；用户侧占到新增装机规模的 24%，多用于工商业和产业园，见图 3-15。

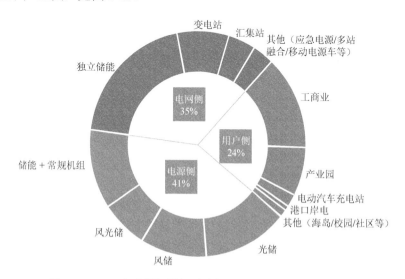

图 3-15　2021 年中国新增新型储能项目接入位置应用场景分布

从地区分布来看，2021 年中国新增新型储能项目分布在全国 30 多个省（区、市），山东依托"共享储能"创新模式引领 2021 年全国储能市场发展；江苏、广东延续用户侧储能先发优势，再叠加江苏第二轮电网侧新型储能项目的投运以及广东的辅助服务项目，继续保持着领先优势；内蒙古因三峡乌兰察布新一代电网友好绿色电站示范项目等新能源配储项目，首次进入全国储能市场前五之列，具体如图 3-16 所示。

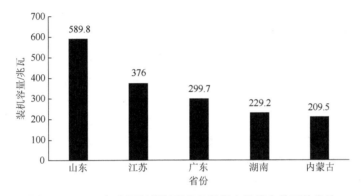

图 3-16 2021 年中国新增新型储能装机容量排名前五的省份

根据中关村储能产业技术联盟全球储能数据库的不完全统计，截至 2021 年底，我国已投运电力储能项目的累计装机规模为 46.1 吉瓦，占全球市场总规模的22%，同比增长 30%。其中，抽水蓄能的累计装机规模最大，为 39.8 吉瓦，同比增长 25%，所占比重与去年同期相比再次下降，下降了 3 个百分点；市场增量主要来自新型储能，其累计投运的装机规模达到 5729.7 兆瓦，同比增长 74%，约占市场总规模的 12.5%，具体如图 3-17 和图 3-18 所示。

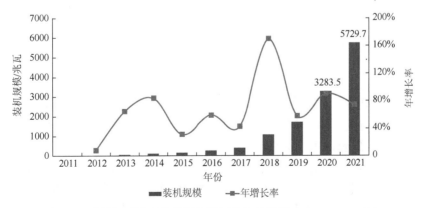

图 3-17 中国新型储能市场累计投运的装机规模（2011～2021 年）

数据来源：中关村储能产业技术联盟全球储能数据库

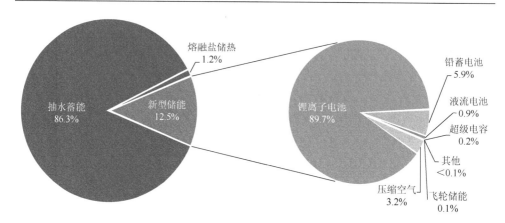

图 3-18　中国电力储能市场累计投运的装机类型分布

由于数据进行了修约，加总可能不为 100%；这里的比例是使用 2000~2021 年的累计值计算的

投建储能系统的成本构成较为复杂，储能系统全生命周期成本可以分为安装成本和运行成本，其中储能系统的安装成本主要包括储能系统成本、功率转换成本和土建成本；运行成本则包括运维成本、回收残值和其他附加成本（如检测费、入网费等）。储能系统全生命周期成本的构成如图 3-19 所示。

图 3-19　储能系统全生命周期成本构成

对于新型电化学储能系统来说，电池的成本占比是重中之重。例如，彭博新能源财经数据显示，2020 年磷酸铁锂电池成本约占磷酸铁锂电池储能系统总成本的 50%，电池配套设备成本约占总成本的比例为 16%，施工成本约占总成本的 17%，财务成本约占总成本的 12%，运维成本约占总成本的 5%，见图 3-20。

目前已商业化应用的储能技术有抽水蓄能、铅炭电池和磷酸铁锂电池。不同储能技术的度电成本差异显著。度电成本也称 LCOE，是对储能电站全生命周期内的成本和发电量进行平准化后计算得到的储能成本（储能电站总投资/储能电站总处

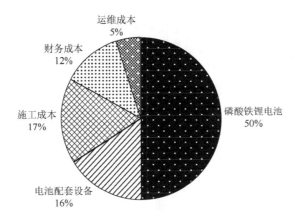

图 3-20　磷酸铁锂电池储能系统成本结构

理电量）。度电成本的计算对于在容量型场景应用的储能技术经济性评估具有重要价值。针对度电成本，除考虑储能技术的使用寿命外，还应该考虑电站能量效率以及电化学储能技术的放电深度和容量衰减等。根据调研及文献数据，图 3-21 给出了 2019 年不同储能技术的度电成本范围。其中，抽水蓄能电站的度电成本为0.21～0.25 元/千瓦时、铅炭电池储能电站的度电成本为 0.61～0.82 元/千瓦时、全钒液流电池储能电站的度电成本为 0.71～0.95 元/千瓦时、钠硫电池储能电站的度电成本为 0.67～0.88 元/千瓦时、磷酸铁锂储能电站的度电成本为 0.62～0.82 元/千瓦时、三元锂电池储能电站的度电成本为 0.86～1.26 元/千瓦时。

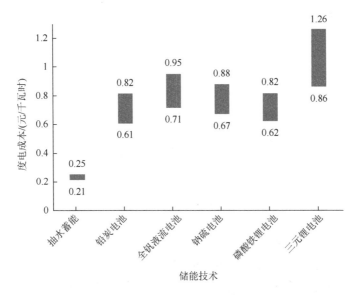

图 3-21　2019 年不同储能技术的度电成本范围

对于电化学电池储能技术，从全生命周期的成本构成来看，其功率转换和土建的成本下降空间十分有限，而电池技术的成本目前已经有了大幅下降。举例来说，从 2011 年到 2019 年，锂离子电池单体的能量成本从 450 万～600 万元/兆瓦时降至 100 万～150 万元/兆瓦时，下降幅度近 80%。但其成本的年均下降比例并不是线性的，近两年的成本下降幅度不到 2013 年的一半，可见沿用现有工艺技术，成本下降空间有限，因此必须开发变革性的电池技术，从产品全生命周期成本的角度考虑电池结构和工艺创新设计，降低土建、运维和回收处置成本，提高系统残值。

3. "新能源＋储能"发展难点、堵点及其实现策略

2022 年 1 月 29 日国家发展改革委、国家能源局印发《"十四五"新型储能发展实施方案》，该方案是对 2021 年 7 月 15 日《国家发展改革委 国家能源局关于加快推动新型储能发展的指导意见》的深化和补充。储能作为灵活调节电源，在新型电力系统中承担重任，是我国实现"双碳"目标的重要举措。目前新型储能技术仍处于商业化和规模化发展初期，相关的电价政策和市场机制还不够完善，存在成本疏导不畅、有效利用率不高、社会主动投资意愿较低等问题，具体的难点和堵点总结如下。

难点一：储能投建成本高，规模应用将提高用能成本。

推广储能系统建设和应用的难点在于如何大幅降低储能成本。截至 2019 年，国网系统最大规模的电网侧储能电站于 2018 年在湖南长沙投运，国家电网内部测算结果显示，基于湖南峰谷电价政策和电池技术，该储能电站在全生命周期内都将处于亏损状态，即使通过现货峰谷套利、用户侧分时价差、辅助服务市场等方式交易也很难收回成本。以价格最优的锂离子电池储能为例，当前单位造价约为 1500～1800 元/千瓦时，一个百兆瓦级新能源项目配建一个装机容量 20 兆瓦的储能系统，企业就要至少增加 3000 万元的投资支出。特别在新冠疫情的持续影响下，电化学储能的原材料价格暴涨也严重阻碍了储能行业的发展，"增收不增利"成为行业普遍现象。中国汽车动力电池产业创新联盟数据显示，从 2021 年 1 月至 2022 年 3 月，正极三元锂材料均价从 12.4 万元/吨上涨至 36.8 万元/吨，涨幅为 196.8%；磷酸铁锂材料均价由 4 万元/吨飙升至 16.2 万元/吨，涨幅为 305%。电池原材料价格的大幅上浮导致储能企业毛利率急速下降以及储能投建成本大幅上升。高昂的储能成本一直困扰着企业的投资行为选择。

难点二：储能技术在性能、安全、可靠性等方面需要突破。

电化学储能因其具有储放高效、调节灵活和扩充性等特点，是储能的主要方式。电化学储能包含多种储能技术，如锂离子电池、铅酸电池以及液流电池、超级电容等。然而，电池技术停滞不前也是储能行业面临的一大挑战。锂离子电池

在电子产品与电动汽车领域已有较多应用,其能量密度高且没有记忆效应,但是锂离子电池的寿命较短,以现有电池技术测算,大多数储能电站的电池循环次数约为 3000～6000 次,意味着储能电站在运营 4～5 年后或将面临更换储能电池的问题,延长了成本收回周期。此外,锂离子电池的安全性仍有待提高,以新能源为主导的新型电力系统在面临极端天气时可能导致新能源长时间出力受限并存在安全隐患。近期储能电站事故造成严重后果,相关标准和管理规范有待进一步加强。

铅酸电池历史最为悠久,发展至今制造工艺较为成熟、成本较低,能源转换效率为 70%～90%,适合改善电能质量、不间断电源和旋转备用等场景。铅酸电池的缺点是不环保,且循环寿命低,循环次数仅有 500～2500 次。

液流电池的特点是活性物质不在电池内,而是另外存储于罐中,电池仅是提供氧化还原反应的场所,因此储能容量不受电极体积的限制,可实现功率密度和能量密度的独立设计,因此其具有丰富的应用场景。以全钒液流电池为例,其循环寿命长(可超过 200 000 次)、效率高(>80%)、安全性好、可模块化设计、功率密度高,适用于大中型储能场景。但碍于制造成本较高,液流电池目前未得到大规模的应用,其中电解液与隔膜是左右成本的关键。

钠硫电池理论能量密度高、充放电能效高、循环寿命长、原料成本低、电池运行温度保持在 300℃ 至 350℃。但是若电池中的陶瓷隔膜破碎导致钠和硫反应,将释出大量热量,容易造成事故,这也是制约钠硫电池发展的首要因素,因此较低温度或室温钠硫电池的研发是未来的一个研究方向。

超级电容的优点包括充放电速度快、功率密度高、循环使用寿命长、环境友好、工作温度范围大等,其主要问题在于能量密度低、成本高,能量密度为 2 瓦时/千克至 15 瓦时/千克,成本为 300～2000 美元/千瓦时。超级电容目前仍处于技术探索阶段,在提高能量密度和降低成本方面仍有较大发展空间。

综合来看,储能需要重点突破以下内容:①开发颠覆性的储能本体内部安全可控技术,提升储能系统安全至完全可控等级;②开发颠覆性的修复延寿技术,延长储能系统寿命至 10～20 年;③开发易回收的电池结构技术和低成本的回收再生技术,实现贵金属元素资源再生率大于 90%;④开发低成本系统制造技术,降低系统成本 40% 以上,实现高性能储能装备的国产化,服务于全球储能市场。

堵点一:欠缺储能系统业态与应用场景的匹配机制。

当前,各类新型储能技术,如电化学储能、压缩空气储能、飞轮储能等,正处于高速发展阶段,但政府对于不同储能技术与配置主体、配置场景之间的匹配机制尚未明确。

就配置主体而言,储能系统在发电侧、电网侧和用户侧发挥着不同的作用。在发电侧,储能大多与发电机组联合,用于改善发电电源调频性能、促进新能源消纳，部分地区将配套储能作为新建新能源发电项目的前置条件，但如何参与电网调度还未明确，而且电源侧储能参与辅助服务市场条件不成熟，相关政策落地执行效果欠佳，部分配套储能利用率较低，新能源企业主动投资积极性普遍不高；在电网侧，储能可用作后备电源保障电网的稳定运行；而在用户侧，储能系统可直接参与微电网的运行，降低对外部电网的依赖和减少电力费用等。

就配置场景而言，工业园区、居民区、不同行业企业等场景各有其用电特点，不同储能配置场景下，不同储能技术在使用效果、投建和运维成本等方面的优劣考量机制以及优选方案尚不明确。比如，哪些使用场景和配置主体的储能系统投建可以是市场主导？哪些应当受到政府扶持引导？每一类储能配置主体在储能市场中的比重应当如何界定？这些问题都有待进一步明晰政策。

堵点二：储能市场尚不健全，难以激活企业投建储能系统的积极性。

构建"新能源＋储能"的应用模式，已经成为解决新能源消纳问题的重要举措，从国家到地方，已经陆续出台多个鼓励政策，优先支持配置储能的新能源发电项目并网。据中关村储能产业技术联盟的统计数据，2021 年上半年国内新增新型储能项目（包含前期、在建、投运项目）累计达 257 个，总规模 11.8 吉瓦，这些项目中，新能源带动的储能项目装机规模占比超过 50%。

但在实际运行中，"新能源＋储能"应用模式的弊端也逐渐显现。一方面，配建的储能电站只能为单个新能源电站提供服务，使用场景单一，无法灵活运用储能系统能力，难以回收企业投建储能系统的成本。另一方面，服务于单个新能源电站的储能设施往往资源分散，管理难度大且运营成本高；分散电站的储能难以实现统一调度与结算，商业模式很难拓展。纵观全国电力市场，储能电站的收入来源仍严重依赖补贴，至少有 20 多个省份明确给出参与调度的储能电站调峰、调频补偿标准，并且集中在 200～600 元/兆瓦时，这成为储能电站收回成本的主要途径，以山东莱州储能电站为例，其收回成本的预期时间长达 15 年。

陕西省电力市场当前利用峰谷电价差套利是储能企业的主要商业模式。综合来看，0.8 元的峰谷电价差是盈亏平衡点，然而陕西峰谷电价差较低（不准确数据为 0.3～0.4 元），由于欠缺更加灵活丰富的市场商业模式，企业投建新能源发电站与储能系统的动力不足，限制了储能企业的投资发展。

基于规模应用储能造成的用能成本提高，和储能技术性能、安全、可靠性等方面需要突破的难点，以及欠缺储能系统业态与应用场景的匹配机制、储能市场尚不健全导致难以激活企业投建储能系统的积极性的堵点，本节给出应对的策略，具体如下所示。

策略一：创新分布式储能系统的"储-商综合"运行模式。陕西省陕南、陕北地区人口密度相对较小，且风光资源丰富。"十三五"期间，陕西省就已形成以榆林为主的陕北可再生能源综合供应基地、陕南水电和清洁能源应用示范基地的发展格局，为创新示范分布式储能系统的"储-商综合"运行模式奠定了基础。一方面通过建设分布式储能，在用户端构建小型微电网系统，可以显著提升日内新能源利用率，减少对集中供电系统的依赖，有效弥补远距离电网运输在稳定性和安全性上的不足；此外，积极探索局域分布式储能系统协同调度、联合运营新模式。建议在局域分布式储能系统区域内建设一处新能源制氢工厂，汇集局域分布式储能系统中多余的可再生能源，统一转化为氢气等商品化形式，拓展储能市场，提高分布式储能的运营收益。

策略二：支持陕西龙头企业投建储能示范基地以试验降本增效。目前陕西光伏产业规模位居全国第四，已形成包括多晶硅、硅片、电池片、组件、逆变器在内的完整太阳能光伏产业链。先进的技术和装备制造水平及完备的新能源产业链为陕西省大力发展新能源提供了保障。建议支持隆基绿能科技股份有限公司、陕西煤业化工集团有限责任公司、特变电工西安电气科技有限公司、彩虹集团有限公司、杨凌美畅新材料股份有限公司等投建储能示范基地，试验降本增效。加速构建从储能技术研发、生产、应用，到消费、回收等全流程的体系化管理系统，围绕新能源产业链布局链上企业。建议招商引进长安汽车、比亚迪汽车等下游新能源汽车生产企业，有助于新能源产业链在消费端开展合作，带动陕西光伏、装配生产等产业发展，降低储能投建成本。

策略三：开展微电网运营试点，并推动各类储能技术的经济化创新发展。建议围绕陕南、陕北以及关中地区分布式新能源发电站，积极布局基于各类储能技术的社区、工业园区等不同场景的微电网试点，综合考虑细分用电场景下各类技术的特点、优劣势等成本效益特色进行创新，为建立绿色、安全、经济的新型电力系统提供实践经验。为政府决策在某种用电场景下，何种储能系统的投建可以是市场主导，何种储能系统的投建需要政府扶持引导，以及为政府制定价格政策、财政补贴政策等提供参考。如果单方面扩大储能系统建设，投入巨大且难以持续，因此需要多措并举，提升系统调节能力，保障供需平衡。

策略四：积极建设虚拟电厂平台，提高电力负荷调整能力。预计"十四五"期间，电网负荷最大日峰谷差率将达到36%，电网调峰压力持续增加，灵活性调节能力不足问题进一步加剧。虚拟电厂可将不同空间的可调节负荷、储能、微电网、电动汽车、分布式电源等一种或多种资源聚合起来，实现自主协调，优化控制，是参与电力系统运行和电力市场交易的智慧能源系统。它既可作为"正电厂"向系统供电调峰，又可作为"负电厂"加大负荷消纳，配合系统填谷；既可快速响应指令，配合保障系统稳定，并获得经济补偿，也可等同于电厂参与容量、电量、辅助服务等各类电力市场，获得经济收益。目前开展虚拟电厂试点的最具特色的地区是上海、冀北、广东、山东等。上海以聚合商业楼宇空调资源为主开展虚拟电厂试点；冀北主要参与华北辅助服务市场；广东以点对点的项目测试为主；

山东试点项目目标是开展现货、备用和辅助服务市场三个品种交易，完成现货和需求响应两个机制衔接及建设一个虚拟电厂运营平台。

陕西省可调节负荷资源类型丰富、潜力巨大。用电侧可调节负荷资源主要包括楼宇用户、工业用户、居民用户、电动汽车、储能设备等新兴负荷用户。工业中的水泥、钢铁、电解铝、陶瓷、玻璃等行业可调节潜力较大，其中水泥行业可调节比例达 30%；楼宇用户可调节比例为 30%~40%；居民用户可调节比例为 50%；新兴负荷用户中电动汽车可调节比例为 40%，储能设备可调节比例为 100%。

激活虚拟电厂的市场潜力、提升电力负荷调节能力，是缓解当前储能系统建设成本高企的有效策略。这不仅能够为陕西省建设新型电力系统提供有力支撑，还能助力其积极应对高比例新能源接入的挑战，从而实现"双碳"目标。

第二篇 "双碳"目标约束下基于电能供给安全的"风光＋储"投建决策研究

第4章 "双碳"目标约束下"风光＋储"投建规划

　　随着"双碳"目标的提出，新能源在我国能源转型过程中的重要程度再次提升，其中，风电和光伏是当前发展最迅速，也是未来要重点发展的主力电源。在以风电和光伏为主体的电源供给结构中，为了保障电能的安全供应，势必要配备储能，以减小风光发电的波动性，大力发展"风光＋储"模式是我国电力行业实现"双碳"目标的必由之路。国家宏观政策为风光发电和储能的发展指明了方向，但是具体的发展边界和行动方案尚未明确给出。我国风电、光伏和储能项目的投资主体是发电企业，合理可行的投建规划是制订行动方案的前提，为实现"双碳"目标下电力系统的安全发展，国家需要在总量上对风电、光伏和储能的规模进行规划，引导企业进行投资决策，从而保障国家总体战略的落实。对此，本章构建了"双碳"目标约束下"风光＋储"投建规划模型，在满足碳中和要求的前提下力求经济成本最小化，对我国 2025～2060 年（如无特殊说明，本章提到的所有"2025～2060 年"均指的是每 5 年为一个时间节点）风电、光伏和储能的投建规划方案进行优化建模和求解。在电源规划模型的基础上，本章进一步考虑风电和光伏长期发展的不确定性，采用模糊参数对风电和光伏的投建边界进行刻画，使模型得出的投建规划方案更加科学、更加符合实际。

4.1　问题描述与模型框架

4.1.1　问题描述

　　为实现可持续发展的气候治理目标，我国于 2020 年将"碳达峰"和"碳中和"作为国家战略的重要组成部分，并且明确了要构建以风电和光伏等新能源发电技术为核心的新型电力系统，为风电和光伏的发展指明了新的目标和发展方向。但是，由于风能和太阳能固有的波动性特征，建设以风光为主体的电能供给结构存在诸多挑战，储能成为保障电能供给安全的必要手段。在未来势必要对"风光＋储"项目进行大规模扩建和投资，以支持"双碳"目标的实施以及电力系统的低碳转型发展。

　　我国是市场经济国家，风电、光伏和储能的投资主体为电力市场中的不同企业，政府并不直接参与投资行为，但是需要制订行动方案引导相关企业进行投资决策，从而保障国家总体战略的落实。明确合理可行的投建规划是制订行动方案的前提，国家需要在考虑多方因素的前提下对于"风光＋储"的投建总量和路径进行规划，在明确规划方案的可行性后，引导企业参与投资决策。首先应从宏观角度出发，以国家作为"风光＋储"投建规划的主体，在满足"双碳"目标约束的前提下，给出经济可行的总体投建规划方案。其次，针对当前我国企业实际投资建设情况进行调研，对企业落实规划方案的支撑条件进行推演，提出相关政策建议，以保证规划决策的实施。

本章构建了"风光＋储"投建规划模型，将 2020 年作为初始年，以每间隔 5 年为关键时间节点，对 2025～2060 年规划期内我国风电、光伏和储能的投建规划方案进行优化建模和求解。构建的"风光＋储"投建规划模型中含有三组决策变量：①第 n 个规划年内各类发电机组的新建装机容量 $P_{n,j}^N$，其中 j 为发电机组的类型，共考虑煤电机组、气电机组、煤电 CCS（carbon capture and storage，碳捕集与封存）机组、水电机组、核电机组、风电机组和光伏机组七类电源；②第 n 个规划年内储能的新增功率 $P_{n,e}^N$；③第 n 个规划年内储能的新增容量 E_n^N。为满足"双碳"目标的要求，以电力系统碳排放约束作为约束条件，在实现低碳发展的前提下，本章寻求最经济的投建规划方案，构建总成本最小化的目标函数，包括投资建设成本、运行维护成本和燃料成本。本章在构建模型时考虑如下的前提条件。

（1）鉴于在长期电源投建规划模型中，决策变量具有高维数的特点，为简化问题，假设全国的用电需求负荷和发电机组容量集中在同一节点上，忽略电力负荷和发电厂的地理位置对电源规划的影响，从全国总体容量规划的角度出发，构建单节点的电源投建规划模型，按照发电机组的类型进行优化。

（2）风电和光伏的投建容量按照国家政策目标进行标定，由于政策目标往往是宏观和模糊的，考虑到发电企业在对风电和光伏的实际投建规模进行决策时存在一定的不确定性，将风电和光伏的投建边界设定为模糊参数。不确定问题的优化方法主要有随机规划、鲁棒优化和模糊规划：随机规划方法往往基于已知随机变量的分布模型，而该类数据在现实中难以获取；鲁棒优化会提高算法的复杂性和难度，增加计算成本，通常情况下不易进行求解，且计算结果受限于不确定集的选取；模糊规划则是一种以模糊数学为基础的规划方法，最初由 Zadeh（扎德）在 1965 年提出，它允许决策者在面对不确定性和模糊性的情况下进行决策，广泛应用于工程和管理领域的决策问题。因此，本章依据模糊规划理论构建风电和光伏装机容量约束条件，可以使模型的求解结果更加科学并符合实际。

（3）水电和核电在投建规划模型中仅作为基础电源发挥调节辅助作用，不作为投建规划模型的重点优化变量。由于水电和核电的投建受到技术发展、资源供应、设备运行、建设成本、安全风险等方面的限制，建设能力存在上限，每年的新建装机容量规模在固定的区间内进行小范围优化调整。

（4）考虑发电机组的使用寿命，超过使用寿命年限的发电机组需要进行退役处理。由于煤电和气电等火电机组在发电时会产生大量的二氧化碳排放，且我国的火电机组的规模基数较大，为满足电力系统碳排放约束，允许部分火电机组在未达到使用寿命的年限内主动提前退役。

（5）电源的实际出力不仅受到装机容量的限制，还与可用资源和发电能力有关，特别是可再生电源的发电能力严重依赖于自然环境和能源禀赋，因此传统电源规划模型中基于机组装机容量的系统充裕性约束已不适用，本章采用置信容量来表示机组对系统容量充裕性的贡献。置信容量为在一定置信度下可再生能源的可用发电容量，等于电源装机容量与置信容量系数的乘积。

（6）为保障电力系统的供电充裕度，在进行电源建设规划时除了需要满足电力系统的实际用电需求，还需要额外保留一定比例的备用容量，以避免突发故障和负荷突增导致电力系统瘫痪的情况发生。

（7）储能的新增规模是在对应规划年风电及光伏新增装机容量的基础上，按照风光配储政策规定的比例进行投建。在"风光 + 储"的发展模式下，我国密集出台了多项政策，要求新建风电和光伏项目必须按照一定的比例配置储能。为了提高模型在现实中的适用性，本章在构建模型时考虑外部政策因素的影响，加入风电和光伏配备储能约束：储能的新增功率不得低于风电及光伏新增规模的政策要求比例，储能的新增容量不得低于储能新增功率和最小储能时长的乘积。

4.1.2　模型框架

本章构建的"双碳"目标约束下"风光 + 储"投建规划模型旨在以可再生能源发展的政策目标为导向，在满足碳排放约束的前提下，寻求经济成本最小化，兼顾绿色低碳与经济效益，对我国 2025～2060 年风电、光伏和储能的投建规模进行合理规划，并对规划结果进行数值测算。构建的"风光 + 储"投建规划模型框架如图 4-1 所示，具体包括输入数据、目标函数、约束条件和输出结果四个模块。

1. 输入数据

投建规划模型需要预先输入初始数据和外生参数，具体包括规划起点、目标终点和投建参数三个部分。规划起点是指规划初始年（2020 年）我国各类电源的现有装机容量；目标终点是指电源规划方案应当满足规划期内的电力电量需求、风光投建政策目标、储能配置政策目标以及二氧化碳排放目标；投建参数是指发电机组的单位建设成本、单位运维成本、燃料消耗比率、消耗燃料单位价格、预期使用寿命、调峰调频系数以及自然资源可开发的最大容量。

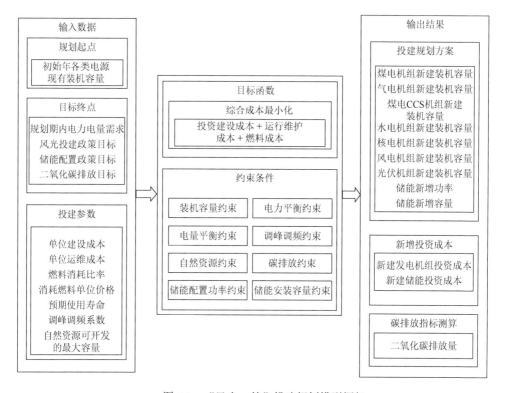

图 4-1　"风光+储"投建规划模型框架

2. 目标函数

在发电机组的实际投建规划中，通常在满足各项指标的前提下以经济成本最小作为规划原则，本章将投建规划模型的目标函数定义为规划期内的综合成本最小化，包括发电机组和储能设备的投资建设成本、运行维护成本以及发电所需的燃料成本。

3. 约束条件

投建规划模型需要满足的约束条件包括装机容量约束、电力平衡约束、电量平衡约束、调峰调频约束、自然资源约束、碳排放约束以及政策要求的储能配置功率约束和储能安装容量约束。其中，装机容量约束依据 4.1.1 节提出的前提条件（2），考虑到风电和光伏在宏观政策目标下长期投建的不确定性，将风电和光伏的装机容量约束设定为含有模糊参数的约束条件；电力平衡约束、电量平衡约束和调峰调频约束为保证电力系统可靠运行的基本约束条件；自然资源约束是考虑可持续性发展和环境保护等因素，根据自然资源最大开发利用容量设置的重要约束条件；碳排放约束是为了实现"双碳"目标，根据电力部门碳预算设置的关键约束条件；储能配置功率约束和储能安装容量约束则是在对我国实际政策背景调研的基础上,依据"风光 + 储"模式的发展特点加入的风光储耦合的约束条件。

4. 输出结果

投建规划模型的输出结果包括三个部分:一是模型决策变量的最优解,即投建规划方案,包括各规划年内各类型发电机组的新建装机容量、各规划年内储能新增功率以及各规划年内储能新增容量;二是模型目标函数的最优值,即规划期内电力部门的新增投资成本,包括新建发电机组投资成本和新建储能投资成本;三是模型相关指标的测算值,本章重点关注电力排放,即二氧化碳排放量。

4.2　投建规划模型构建

4.2.1　目标函数

目标函数为规划期内的综合成本最小,包括发电机组和储能设备的投资建设成本、运行维护成本以及发电所需的燃料成本,如式(4-1)所示[1]。

$$\min C_{\text{investment}} = \sum_{n}^{N} \left[\left(C_n^B + C_n^O + C_n^F \right) \cdot (1+r)^{1-n} \right] \tag{4-1}$$

其中,$C_{\text{investment}}$ 为规划期内发电机组和储能设备的综合成本;N 为规划期;n 为规划年;C_n^B 为第 n 个规划年发电机组和储能设备的投资建设成本;C_n^O 为第 n 个规划年发电机组和储能设备的运行维护成本;C_n^F 为第 n 个规划年发电所需的燃料成本;r 为折现率。

1. 投资建设成本

投资建设成本与发电机组和储能的新建规模有关,由机组投建成本、储能功率投建成本和储能容量投建成本三部分组成,如式(4-2)所示。

$$C_n^B = \sum_{j} \left(C_{n,j}^B \cdot P_{n,j}^N \right) + C_{n,e}^B \cdot P_{n,e}^N + C_{n,E}^B \cdot E_n^N \tag{4-2}$$

其中,$C_{n,j}^B$ 为第 n 个规划年 j 类发电机组新建容量的单位建设成本;$P_{n,j}^N$ 为第 n 个规划年 j 类发电机组的新建容量;$C_{n,e}^B$ 为第 n 个规划年储能新增功率的单位建设成本;$P_{n,e}^N$ 为第 n 个规划年储能的新增功率;$C_{n,E}^B$ 为第 n 个规划年储能新增容量的单位建设成本;E_n^N 为第 n 个规划年储能的新增容量。

2. 运行维护成本

发电机组和储能设备的运行需要管理与维护,运行维护成本取决于机组和储能的现存规模，其支出额度相对固定，包括机组运维成本、储能功率运维成本和储能容量运维成本，如式(4-3)所示。

$$C_n^O = \sum_j \left(C_{n,j}^O \cdot P_{n,j}^E \right) + C_{n,e}^O \cdot P_{n,e}^E + C_{n,E}^O \cdot E_n^E \tag{4-3}$$

其中，$C_{n,j}^O$ 为第 n 个规划年 j 类发电机组的运维成本；$P_{n,j}^E$ 为第 n 个规划年 j 类发电机组的现存容量；$C_{n,e}^O$ 为第 n 个规划年储能功率的单位运维成本；$P_{n,e}^E$ 为第 n 个规划年储能的现存功率；$C_{n,E}^O$ 为第 n 个规划年储能容量的单位运维成本；E_n^E 为第 n 个规划年储能的现存容量。单位运维成本一般按照运行维护费率乘以单位建设成本得到。

3. 燃料成本

燃料成本是发电过程中消耗的各种煤、油等燃料的采购成本，与机组发电量有关，发电量为发电机组的现存容量与年利用小时数的乘积，如式(4-4)和式(4-5)所示。

$$C_n^F = \sum_j \left(C_{n,j}^F \cdot f_{n,j} \cdot G_{n,j} \right) \tag{4-4}$$

$$G_{n,j} = P_{n,j}^E \cdot H_{n,j} \tag{4-5}$$

其中，$C_{n,j}^F$ 为第 n 个规划年 j 类发电机组所需燃料的单位价格；$f_{n,j}$ 为第 n 个规划年 j 类发电机组所需燃料的消耗率；$G_{n,j}$ 为第 n 个规划年 j 类发电机组的发电量；$H_{n,j}$ 为第 n 个规划年 j 类发电机组的利用小时数。

4.2.2 约束条件

1. 装机容量约束

风电和光伏作为未来大规模发展的主力电源，其投建规模是本章重点研究的变量。在本章构建的模型中，风电和光伏的投建路径的边界条件根据国家政策提出的建设目标进行标定，由于政策性的目标往往是模糊的，因此将风电和光伏的装机容量约束的边界条件采用模糊参数进行表示，如式(4-6)所示。

$$P_{n,j}^N \geqslant \tilde{P}_{n,j}^{\text{policy}}, \quad j = \text{wind}, \text{PV} \tag{4-6}$$

其中，$\tilde{P}_{n,j}^{\text{policy}}$ 为第 n 年依据国家政策标定的风电、光伏投建规模的边界，为模糊数；wind 为风电；PV 为光伏。

此外,受到技术发展、资源供应、设备运行、建设成本、安全风险等方面的限制,水电和核电机组每年新增装机容量的建设规模存在最大上限约束,如式(4-7)所示:

$$P_{n,j}^N \leqslant P_{n,j}^{\max}, \quad j = \text{hydro}, \text{nuclear} \tag{4-7}$$

其中,$P_{n,j}^{\max}$ 为第 n 年水电、核电机组每年最大新增装机容量;hydro 为水电;nuclear 为核电。

发电机组具有一定的使用寿命,达到或超过预期寿命的发电机组由于老化、损坏需要停机和拆除。其中,火电机组由于在发电过程中会产生大量的碳排放,不符合电力系统的低碳转型需求,为满足碳排放约束,允许部分火电机组在达到预期使用年限之前提前完成退役,具体如式(4-8)所示:

$$P_{n,j}^E = P_{n-1,j}^E + P_{n,j}^N - P_{n,j}^{\text{RE}} \tag{4-8}$$

其中,$P_{n,j}^E$ 为第 n 个规划年 j 类发电机组的现存容量;$P_{n-1,j}^E$ 为第 $n-1$ 个规划年 j 类发电机组的现存容量;$P_{n,j}^N$ 为第 n 个规划年 j 类发电机组的新建容量;$P_{n,j}^{\text{RE}}$ 为第 n 个规划年 j 类发电机组的退役容量。

2. 电力平衡约束

电力平衡约束是电力系统运行的基本约束条件,指的是全国所有电源装机容量的总规模应当大于或等于总用电需求负荷的最大值。在本章的投建规划模型中,风力发电和光伏发电的占比较高,且其出力受到风光能源禀赋的影响,传统电源规划模型中基于机组装机容量的系统充裕性约束已不适用,因此本章采用置信容量(即在一定置信度下可再生能源的可用发电容量)来表示机组对系统容量充裕性的贡献。此外,为了避免突发故障和负荷突增导致电力系统瘫痪的情况发生,在进行电源建设规划时需要额外保留一些备用容量,通常以百分比的形式表示,具体如式(4-9)所示:

$$\sum_j P_{n,j}^E \cdot Y_j \geqslant \text{PL}_n \cdot (1+R) \tag{4-9}$$

其中,$P_{n,j}^E$ 为第 n 个规划年 j 类发电机组的现存容量;Y_j 为第 j 类发电机组的置信容量系数;PL_n 为第 n 年的峰值电力负荷;R 为电力系统备用容量比率。

3. 电量平衡约束

电力行业作为国家基础产业,承担着保障经济社会稳定运行的重大责任,电力系统中各类发电机组的总发电量应当大于或等于全国总用电量需求,以满足社会经济发展、人民群众生活和企业运营生产的需要，如式(4-10)所示：

$$\sum_j G_{n,j} \geqslant \mathrm{PD}_n \tag{4-10}$$

其中，$G_{n,j}$ 为第 n 个规划年 j 类发电机组的发电量；PD_n 为第 n 年全国的用电量需求。

4. 调峰调频约束

电力系统调峰调频约束是电力系统稳定运行的关键，是指在保持电力供需平衡的基础上，通过调节发电机的功率输出来满足电力系统负荷或者频率变化的需求。在"双碳"目标下，风光等波动性电源的发电比例升高，为电能的稳定供应带来较大的安全风险，电力系统需要具备充足的调峰调频能力来保证电力系统的稳定和安全运行。

电力系统调峰调频约束具体包括调峰和调频两个方面的内容。调峰约束是指全国现存可调峰发电机组的调峰容量总和应当满足全国用电负荷变化的调峰需求；调频约束是指全国现存可调频发电机组的调频能力应当满足电力系统用电频率变化的调频需求。具体如式(4-11)和式(4-12)所示[1]。

$$\sum_j \alpha_j \cdot P_{n,j}^E \geqslant L_{\mathrm{peak}} \cdot \mathrm{PL}_n \tag{4-11}$$

$$\sum_j \beta_j \cdot P_{n,j}^E \geqslant L_{\mathrm{reg}} \cdot \mathrm{PL}_n \tag{4-12}$$

其中，α_j 为 j 类电源的调峰系数；L_{peak} 为全国电力需求的调峰系数；β_j 为 j 类电源的调频系数；L_{reg} 为全国电力需求的调频系数。

5. 自然资源约束

在进行电源建设规划时，需要考虑可持续性发展和环境保护等因素，特别是可再生能源的开发和利用受到自然资源的限制和约束，具有一定的开发上限，本章将自然资源最大开发容量作为可再生能源发电技术装机容量的投建上限，如式(4-13)所示[2]：

$$P_{n,j}^E \leqslant \mathrm{MDC}_j \tag{4-13}$$

其中，MDC_j 为 j 类电源的自然资源开发上限。

6. 碳排放约束

每年由发电产生的碳排放量与机组发电量有关，在"双碳"目标下每年全国

机组发电产生的碳排放量不应超过电力部门的碳排放限额,即

$$\sum_j \mathrm{EI}_j \cdot G_{n,j} \leqslant \mathrm{CE}_n \tag{4-14}$$

其中,EI_j 为 j 类电源的碳排放系数;CE_n 为第 n 年全国电力部门的碳排放限额。

7. 储能配置功率约束

合理配置储能可以有效调节风电和光伏发电的波动性,保障电能的持续稳定供应。在国家政策的指引下,全国二十多个省份陆续发布相关政策,要求风电、光伏项目配置储能,且对储能配置的装机规模、储能时长等进行了明确规定,要求储能配置规模不低于风光装机规模的一定比例,因此本章依据政策要求将储能配置功率约束定义为

$$P_{n,e}^N \geqslant \left(P_{n,\mathrm{wind}}^N + P_{n,\mathrm{PV}}^N \right) \cdot k_p \tag{4-15}$$

其中,$P_{n,e}^N$ 为第 n 个规划年储能的新增功率;$P_{n,\mathrm{wind}}^N$ 为第 n 个规划年风电的新增装机容量;$P_{n,\mathrm{PV}}^N$ 为第 n 个规划年光伏的新增装机容量;k_p 为政策要求的风光装机总量配置的储能规模最低比例。

8. 储能安装容量约束

按照政策要求,每年新建风光机组配置的储能容量应不低于政策规定的最低储能配置功率与储能时长的乘积,本章将储能安装容量约束定义为

$$E_n^N \geqslant P_{n,e}^N \cdot k_h \tag{4-16}$$

其中,E_n^N 为第 n 个规划年储能的新增容量;k_h 为政策要求的最低储能时长。

4.3 基于 FCCP 算法的投建规划模型求解

4.3.1 FCCP 算法求解思路

FCCP 算法全称为 fuzzy credibility constraint programming,即模糊可信性约束规划算法,它是用于求解不确定性问题,且无法精确获取数据随机分布的一种计算方法。其求解思想是基于可信性理论,通过在给定的可信性置信水平下让模糊约束条件成立,将模糊机会约束转化为清晰等价形式,使原问题转化为确定性问题,从而便于求解。

　　模糊规划是一种以模糊数学为基础的规划方法，在模糊规划理论中，模糊集合不存在明确的边界，对于一个元素来说，无法判断其是否绝对地属于某个模糊集合，而是通过隶属函数来表示该元素属于某个模糊集的程度。模糊事件则是对普通事件增加模糊条件的限制，使其产生一种处于中间过渡态的模糊关系。关于模糊事件的测度有两种方法：一种是可能性测度，用来表示模糊事件 A 成立的可能性；另一种是必要性测度，用来表示模糊事件 A 的对立问题 A^c 成立的不可能性。这两种测度的定义可以通过以下假设进行表示：假设 ξ 为一个模糊变量，其隶属函数为 $\mu_\xi(x)$，那么模糊事件 $\{\xi \leqslant k\}$ 的可能性测度定义为

$$\mathrm{Pos}\{\xi \leqslant k\} = \mathop{\mathrm{Sup}}\limits_{\xi \leqslant k} \mu_\xi(x) \tag{4-17}$$

其中，$\mathrm{Pos}\{\xi \leqslant k\}$ 为模糊事件 $\{\xi \leqslant k\}$ 的可能性测度；$\mathop{\mathrm{Sup}}\limits_{\xi \leqslant k}$ 为使 $\xi \leqslant k$ 成立的最小上界；$\mu_\xi(x)$ 为模糊变量 ξ 的隶属函数。

　　模糊事件 $\{\xi \leqslant k\}$ 的必要性测度定义为

$$\mathrm{Nec}\{\xi \leqslant k\} = 1 - \mathrm{Pos}\{\xi > k\} = 1 - \mathop{\mathrm{Sup}}\limits_{\xi > k} \mu_\xi(x) \tag{4-18}$$

其中，$\mathrm{Nec}\{\xi \leqslant k\}$ 为模糊事件 $\{\xi \leqslant k\}$ 的必要性测度；$\mathop{\mathrm{Sup}}\limits_{\xi > k}$ 为使 $\xi > k$ 成立的最小上界。

　　设 ξ 为三角模糊数 (r_1, r_2, r_3)，则其隶属函数为

$$\mu_\xi(x) = \begin{cases} \dfrac{x - r_1}{r_2 - r_1}, & 若 r_1 \leqslant x < r_2 \\[2mm] \dfrac{r_3 - x}{r_3 - r_2}, & 若 r_2 \leqslant x < r_3 \\[2mm] 0, & 其他 \end{cases} \tag{4-19}$$

　　根据式(4-17)和式(4-18)给出的定义，可计算出事件 $\{\xi \leqslant k\}$ 的可能性测度和必要性测度分别为

$$\mathrm{Pos}\{\xi \leqslant k\} = \begin{cases} 0, & 若 k < r_1 \\[2mm] \dfrac{k - r_1}{r_2 - r_1}, & 若 r_1 \leqslant k < r_2 \\[2mm] 1, & 若 k \geqslant r_2 \end{cases} \tag{4-20}$$

$$\begin{aligned}
\text{Nec}\{\xi \leqslant k\} = 1 - \text{Pos}\{\xi > k\} = 1 - &\begin{cases} 1, & \text{若} k < r_2 \\ \dfrac{r_3 - k}{r_3 - r_2}, & \text{若} r_2 \leqslant k < r_3 \\ 0, & \text{若} k \geqslant r_3 \end{cases} \\
= &\begin{cases} 0, & \text{若} k < r_2 \\ \dfrac{k - r_2}{r_3 - r_2}, & \text{若} r_2 \leqslant k < r_3 \\ 1, & \text{若} k \geqslant r_3 \end{cases}
\end{aligned} \tag{4-21}$$

由于可能性测度和必要性测度不具有可加性和自对偶性，存在一定的局限性，因此刘宝碇等[3]在结合这两种方法的基础上提出了可信性理论，并给出了可信性测度的公理化定义，将事件的可信性定义为上述两种测度方法计算结果的平均值，即

$$C_r\{\xi \leqslant k\} = \frac{1}{2}\left(\text{Pos}\{\xi \leqslant k\} + \text{Nec}\{\xi \leqslant k\}\right) \tag{4-22}$$

其中，$C_r\{\xi \leqslant k\}$ 为模糊事件 $\{\xi \leqslant k\}$ 的可信性测度。

根据式(4-20)~式(4-22)，可计算出事件 $\{\xi \leqslant k\}$ 的可信性测度为

$$C_r\{\xi \leqslant k\} = \begin{cases} 0, & \text{若} k < r_1 \\ \dfrac{k - r_1}{2(r_2 - r_1)}, & \text{若} r_1 \leqslant k < r_2 \\ \dfrac{k + r_3 - 2r_2}{2(r_3 - r_2)}, & \text{若} r_2 \leqslant k < r_3 \\ 1, & \text{若} k \geqslant r_3 \end{cases} \tag{4-23}$$

与可能性、必要性测度相比，可信性测度的优势在于它可以用来表征模糊事件发生的概率。基于可信性测度的模糊机会约束的求解思想是要求在给定的置信水平下，使模糊约束成立的可信性测度大于或等于该置信水平，从而将其转化为清晰等价形式，以便于求解。基于可信性测度的模糊机会约束的一般形式为

$$\max f = \sum_{j=1}^{J} c_j x_j$$
$$C_r\left\{\sum_{j=1}^{J} a_{ij} x_j = \tilde{b}_i\right\} \geqslant \lambda_i, \quad i = 1, 2, \cdots, I \tag{4-24}$$

其中，f 为目标函数；c_j 为目标函数中的实数型参数；x_j 为决策变量；C_r 为模糊约束条件成立的可信性测度；a_{ij} 为约束条件中的实数型参数；$\tilde{b}_i$ 为约束条件中的模

糊型参数；λ_i 为约束条件 i 成立的置信水平；i 为约束条件个数；j 为决策变量个数。

通过给定可信性的置信水平 λ，根据式(4-23)和式(4-24)，模糊机会约束 $C_r\{\xi \leq k\} \geq \lambda$ 等价于

$$\begin{cases} \dfrac{k-r_1}{2(r_2-r_1)} \geq \lambda, & 若 \lambda < \dfrac{1}{2} \\ \dfrac{k+r_3-2r_1}{2(r_3-r_2)}, & 若 \lambda \geq \dfrac{1}{2} \end{cases} \tag{4-25}$$

将置信水平 λ 的值代入式(4-25)，便可将原问题转化为确定问题进行求解。

4.3.2 投建规划模型求解

本章构建的"双碳"目标约束下的"风光 + 储"投建规划模型锚定国家提出的可再生能源发展目标，对各规划年内风电和光伏的投建规模进行优化研究。由于宏观政策具有一定的模糊性，且长期规划中风电和光伏的发展边界存在不确定性，本章依据模糊规划理论构建了风电和光伏装机容量约束条件，将依据政策标定的风电和光伏的投建边界设为模糊参数。投建规划模型本质上是一个含有模糊约束的不确定性优化问题，在求解时通常需要对模糊约束进行转化。首先依据可信性测度的定义，将含有模糊参数的约束条件改写为模糊机会约束，然后采用FCCP 方法推导出模糊机会约束的清晰等价类，通过给定可信性的置信度水平，将含有模糊约束的原问题转化为确定性问题进行求解。

式(4-6)为含有模糊参数的约束条件，其中，每年风电、光伏的投建量 $P_{n,j}^N$ 为决策变量，依据国家政策标定的风电、光伏投建规模的边界 $\tilde{P}_{n,j}^{policy}$ 为模糊数。在构建机会约束前，需要先确定模糊数的隶属函数，模糊数的隶属函数分为偏小、偏大和中间型三种函数，对于在某值左右的模糊数通常采用中间型隶属函数。根据历史数据和经验，一般采用中间型隶属函数对风电、光伏投建规模边界模糊数进行表示，最常用的中间型隶属函数是三角形隶属函数，因此设 $\tilde{P}_{n,j}^{policy}$ 为三角模糊数 (P_1, P_2, P_3)，则其服从的隶属函数为

$$\mu\left(\tilde{P}_{n,j}^{policy}\right) = \begin{cases} \dfrac{\tilde{P}_{n,j}^{route}-P_1}{P_2-P_1}, & 若 P_1 \leq \tilde{P}_{n,j}^{policy} < P_2 \\ \dfrac{P_3-\tilde{P}_{n,j}^{route}}{P_3-P_2}, & 若 P_2 \leq \tilde{P}_{n,j}^{policy} < P_3 \\ 0, & 其他 \end{cases} \tag{4-26}$$

根据式(4-26)给出的 $\tilde{P}_{n,j}^{policy}$ 的隶属函数以及式(4-23)给出的可信性测度的表达式，可以推导出投建规划模型中模糊约束条件式(4-6)成立的可信性测度，即

$$C_r\left\{P_{n,j}^N \geqslant \tilde{P}_{n,j}^{\text{policy}}\right\} = \begin{cases} 0, & \text{若}\, P_{n,j}^N < P_1 \\ \dfrac{P_{n,j}^N - P_1}{2(P_2 - P_1)}, & \text{若}\, P_1 \leqslant P_{n,j}^N < P_2 \\ \dfrac{P_{n,j}^N + P_3 - 2P_2}{2(P_3 - P_2)}, & \text{若}\, P_2 \leqslant P_{n,j}^N < P_3 \\ 1, & \text{若}\, P_{n,j}^N \geqslant P_3 \end{cases} \tag{4-27}$$

根据式(4-27)将含有模糊参数的原约束条件改写为基于可信性测度的模糊机会约束,要求风电和光伏在一定的可信性置信水平下按照标定的投建规模进行投建,即

$$C_r\left\{P_{n,j}^N \geqslant \tilde{P}_{n,j}^{\text{route}}\right\} \geqslant \lambda \tag{4-28}$$

根据式(4-28)给出的基于可信性测度的模糊机会约束可知,在给定置信水平 λ_n 的情况下,式(4-28)等价于式(4-29)所示的约束条件:

$$\begin{cases} \dfrac{P_{n,j}^N - P_1}{2(P_2 - P_1)} \geqslant \lambda, & \text{若}\, \lambda \leqslant \lambda_n \\ \dfrac{P_{n,j}^N + P_3 - 2P_2}{2(P_3 - P_2)} \geqslant \lambda, & \text{若}\, \lambda > \lambda_n \end{cases} \tag{4-29}$$

通常情况下,置信水平 λ_n 应当大于 50%才具有现实意义,表示风光的投建规模能够满足依据政策锚定的投建边界约束。至此,根据模糊可信性约束规划算法,投建规划模型中含有模糊参数的风电和光伏装机容量约束式(4-6)转化为了清晰等价形式,即

$$\begin{cases} \dfrac{P_{n,j}^N + P_3 - 2P_2}{2(P_3 - P_2)} \geqslant \lambda \\ \lambda > 0.5 \end{cases} \tag{4-30}$$

至此,投建规划模型中的约束条件已全部转化为确定性约束条件,原问题由不确定性优化问题转化为线性规划问题,即

$$\min C_{\text{investment}} = \sum_n^N \left[\left(C_n^B + C_n^O + C_n^F \right) \cdot (1+r)^{1-n} \right]$$

$$C_n^B = \sum_j \left(C_{n,j}^B \cdot P_{n,j}^N \right) + C_{n,e}^B \cdot P_{n,e}^N + C_{n,E}^B \cdot E_n^N$$

$$C_n^O = \sum_j \left(C_{n,j}^O \cdot P_{n,j}^E \right) + C_{n,e}^O \cdot P_{n,e}^E + C_{n,E}^O \cdot E_n^E$$

$$C_n^F = \sum_j \left(C_{n,j}^F \cdot f_{n,j} \cdot G_{n,j} \right)$$

$$
\begin{cases}
G_{n,j} = P_{n,j}^E \cdot H_{n,j} \\
P_{n,j}^N \leqslant P_{n,j}^{\max}, \quad j = \text{hydro, nuclear} \\
P_{n,j}^E = P_{n-1,j}^E + P_{n,j}^N - P_{n,j}^{RE} \\
\sum_j P_{n,j}^E \cdot Y_j \geqslant \text{PL}_n \cdot (1+R) \\
\sum_j G_{n,j} \geqslant \text{PD}_n \\
\sum_j \alpha_j \cdot P_{n,j}^E \geqslant L_{\text{peak}} \cdot \text{PL}_n \\
\sum_j \beta_j \cdot P_{n,j}^E \geqslant L_{\text{reg}} \cdot \text{PL}_n \\
P_{n,j}^E \leqslant \text{MDC}_j \\
\sum_j \text{EI}_j \cdot G_{n,j} \leqslant \text{CE}_n \\
P_{n,e}^N \geqslant \left(P_{n,\text{wind}}^N + P_{n,\text{PV}}^N \right) \cdot k_p \\
E_n^N \geqslant P_{n,e}^N \cdot k_h \\
\dfrac{P_{n,j}^N + P_3 - 2P_2}{2(P_3 - P_2)} \geqslant \lambda, \quad j = \text{wind, PV} \\
\lambda > 0.5
\end{cases}
\tag{4-31}
$$

4.4 算例分析

4.4.1 算例数据

本书将 2020 年作为初始年，以中国 2025～2060 年"风光＋储"投建规划为例，基于 MATLAB R2022a 平台调用 Gurobi 9.5.1 求解器，对投建规划模型进行数据测算和结果分析，需要的数据包括初始年各类电源现有装机容量、规划期内电力电量需求、风光投建政策目标以及相关投建参数。

1. 初始年各类电源现有装机容量

根据《中国电力统计年鉴 2021》和国家能源局发布的 2020 年全国电力工业统计数据，可以得到 2020 年中国各类电源的现有装机容量数据，如表 4-1 所示。

表 4-1 2020 年中国各类电源的现有装机容量

电源类型	装机容量/万千瓦
煤电	10 912
煤电 CCS	0
气电	9 972
水电	37 028
核电	4 989
风电	28 165
光伏	25 356

2. 规划期内电力电量需求

本章在对国家发展改革委能源研究所及国家能源局等权威机构发布的研究报告进行充分调研的基础上,结合国内外相关文献对于中国未来电力电量需求的预测结果[4-6],整理出了中国 2025~2060 年电力需求和电量需求的平均数据,如表 4-2 所示。

表 4-2 中国 2025~2060 年的电力及电量需求

项目	2025 年	2030 年	2035 年	2040 年	2045 年	2050 年	2055 年	2060 年
电力负荷/万千瓦	158 012	180 311	208 197	216 625	223 690	226 624	227 816	229 016
用电量需求/亿千瓦时	87 887	99 180	114 300	115 930	117 257	117 796	118 013	118 230

3. 风光投建政策目标

在对我国政策文件充分调研的基础上,本节总结出了我国风电、光伏投建以及储能配置的政策目标,如表 4-3 所示。依据 2021 年发布的《中共中央 国务院关于完整准确全面贯彻新发展理念做好碳达峰碳中和工作的意见》,到 2030 年我国风电、太阳能发电总装机容量至少达到 12 亿千瓦(即 1200 吉瓦);依据 2011 年发布的《中国风电发展路线图 2050》,以及 2021 年发布的《2060 年世界和中国能源展望(2021 版)》,到 2050 年我国风力发电和光伏发电至少达到 1000 吉瓦和 2000 吉瓦的装机规模;依据我国各省份风光强配储能政策,将 10%的基准水平作为储能配置比例。

表 4-3　我国风电、光伏投建及储能配置的政策目标

指标	2030 年目标装机容量/吉瓦		2050 年目标装机容量/吉瓦		储能配置比例
	风电	光伏发电	风电	光伏发电	
具体值	1200		1000	2000	10%

依据 IPCC（Intergovernmental Panel on Climate Change，政府间气候变化专门委员会）的测算数据和文献[6]对我国电力部门碳减排路径的预测，本节设置了2025～2060 年我国电力部门的碳排放目标，如表 4-4 所示。

表 4-4　2025～2060 年我国电力部门的碳排放目标

年份	2025 年	2030 年	2035 年	2040 年	2045 年	2050 年	2055 年	2060 年
二氧化碳排放量/亿吨	49	60	40	27	16	9	5	0

4. 相关投建参数

依据文献[1]和文献[5]，发电机组单位建设成本、运行维护费率、燃料消耗比率、燃料单位价格、预期使用寿命、调节系数等投建参数如表 4-5 所示。

表 4-5　发电机组相关投建参数

电源类型	单位建设成本/（元/千瓦）	运行维护费率	燃料消耗比率	燃料单位价格	预期使用寿命/年	调节系数
煤电	3 682	1.8%	294 克标准煤/千瓦时	495 元/吨	35	0.75
煤电 CCS	7 246	4.0%	294 克标准煤/千瓦时	495 元/吨	35	0.75
气电	2 589	3.7%	0.165 米^3/千瓦时	3.55 元/米^3	30	0.95
水电	11 416	0.9%	—	—	50	0.8
核电	16 061	2.7%	0.021 克铀/千瓦时	126 元/千克	60	0.10
风电	6 801	2.9%	—	—	40	0
光伏	5 616	1.0%	—	—	40	0

4.4.2　结果特征

在使用 FCCP 算法对本章构建的投建规划模型进行求解时，需要预先设定模

糊约束成立的可信性的置信水平，在实际情况中置信水平大于 0.5 才具有现实意义，为了确定合理的置信水平 λ，本节设置了不同的 λ 值对模型进行测算，求解结果如图 4-2 所示。

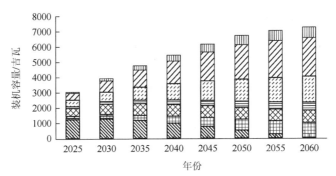

(a) $\lambda = 0.6$ 时电源投建路径

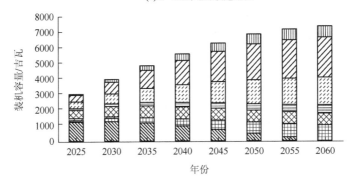

(b) $\lambda = 0.8$ 时电源投建路径

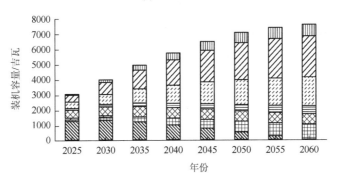

(c) $\lambda = 1$ 时电源投建路径

图 4-2　不同置信水平下投建规划模型的求解结果

在置信水平分别为 0.6、0.8、1 的情况下，2060 年风电的装机容量分别为 1693 吉瓦、1777 吉瓦、1890 吉瓦，2060 年光伏的装机容量分别为 2503 吉瓦、2558 吉瓦、2706 吉瓦，2060 年储能的装机容量分别为 685 吉瓦、709 吉瓦、754 吉瓦。通过对图 4-2 不同置信水平下投建规划模型得出的规划方案进行对比分析可知，随着预设置信水平的提高，风电、光伏以及储能的装机容量逐渐增加，当 $\lambda = 1$ 时投建规模最大。置信水平值的提高意味着风电及光伏机组投建的装机容量约束的边界收紧，当 $\lambda = 1$ 时表明风光的投建需要完全满足国家政策目标的要求，因此投建规模最大。置信水平的大小体现了发电企业投建风光发电的规模对政策目标的满足程度。

为了探究不同置信水平下企业投建需要付出的代价，本节对投资成本和 2025 年至 2060 年总的碳排放量进行了测算，测算结果如表 4-6 所示。根据表 4-6 可知，随着置信水平的增加，投资成本也相应增加，发电企业需要投入更多的资金以更大限度地完成政策目标。此外，当置信水平 $\lambda = 0.8$ 时，产生的碳排放量是最低的。这是由于当置信水平较低时，风电和光伏的建设规模不足以满足系统电力需求，需要火电来补充发电；而当置信水平较高（如 $\lambda = 0.8$）时，由于风电和光伏的大规模投建放大了风光的波动特性，需要比较灵活的火电发挥调节和支撑作用。我国大力发展风电和光伏的政策目标是为了更好地推动清洁能源发展，从而促进电力部门的低碳减排，在 0.8 的置信水平下进行投建规划既可以基本满足风电和光伏发展的政策目标，又可以降低二氧化碳排放，因此将置信水平 λ 设置为 0.8 是合理的取值，能够满足我国电力系统规划的需要。

表 4-6　不同置信水平下投建规划模型的测算结果

测算指标	$\lambda = 0.6$	$\lambda = 0.8$	$\lambda = 1$
投资成本/亿万元	31.6	31.7	32.1
碳排放量/亿吨	1032.8	1018.1	1032.7

第5章 基于电能供给安全的"风光+储"运行优化

电能供给安全是指通过合理调度各类电源，以持续不断地满足用户的用电需求，是电力系统实现低碳转型需要考虑的关键因素。在过去以煤电为主的电源结构中，煤电出力稳定且具有较高的灵活性，能够满足电能的持续供应。随着电力系统的低碳转型，我国电能供给结构发生了重大变化，风光等波动性电源取代了燃煤发电的主体地位，电能供给安全问题变得尤为突出。为了保障电源投建规划方案的安全可行，需要通过对其进行短时间尺度内精细化的运行模拟仿真，从而实现可靠性评估与优化。对此，本章将构建考虑风光发电的时序波动特性和储能充放电调节的运行模拟模型，将规划方案的结果作为输入对其进行模拟仿真，及早发现系统潜在的运行风险，并设计电能供给安全的可靠性指标和评价流程，实现闭环的投建规划方案的评估校验与调整优化。

5.1 问 题 描 述

长期投建规划模型的时间尺度较长，难以考虑风光波动的时序特性，无法保障持续不断地提供充足的电能供给，电力系统运行模拟是从短时间尺度的机组运行层面出发，对长时间尺度的电源规划方案进行可靠性验证的主要方式。本章构建的运行模拟模型是基于投建规划模型得到的电源装机容量和储能建设规模结果，对日内电源和储能的出力情况进行运行模拟，以确保各时段内的全国用电负荷都能够得到满足。在保障系统安全运行和电能供给质量的条件下，尽可能提高运行的经济性，对发电机组和储能设备的运行情况进行调度优化。

本章构建的"风光+储"运行模拟模型中含有三组决策变量：①t时段发电机组i的运行出力$p_{i,t}$，为连续变量；②t时段发电机组i的开关机状态$u_{i,t}$，为0-1变量，当$u_{i,t}=0$时表示当前机组为关停状态，当$u_{i,t}=1$时表示当前机组为开机状态；③t时段储能的放电功率$p_{e,t}^d$以及t时段储能的充电功率$p_{e,t}^{ch}$。为了对投建规划模型的结果进行电能供给安全的可靠性验证，本章以电力系统稳定运行相关约束作为约束条件，构建运行成本最小化的目标函数，包括发电成本和启停成本。在构建模型时考虑的假设条件如下。

（1）电源实际运行的容量不得超过电源实际投建的装机容量规模，且风能和光伏发电出力具有波动性特征，不仅受装机容量的制约，还依赖于风光资源的时序特性，因此风电和光伏的实际出力上限受其最大发电能力约束。

（2）火电机组的频繁启停会严重损坏火电机组设备并缩短其使用寿命，在实际调度过程中需要对火电机组的启停时间进行约束和控制。

（3）当电力需求负荷发生变化时，由于机组自身特性和外部因素（例如热力、机械、电压、频率等）的影响，发电机组出力的变化需要受到爬坡约束条件的限制，以保证机组的安全运行和稳定性。

（4）风力发电和光伏发电由于受到自然资源和气候条件的影响，具有一定的波动性，其发电能力与用电需求难以匹配，当风电和光伏的发电量超出电力系统当前最大消纳能力时，将会产生弃风和弃光。

（5）储能装置在实际运行中，储能的充放电功率不能超过其当年的实际建设功率，在储能的充电过程中，储能装置的能量会随着充电而增加；在储能的放电过程中，储能装置的能量会随着放电而减少，且储能的运行容量不能超过其当年的实际建设容量。

5.2　运行模拟模型构建

5.2.1　目标函数

运行模拟模型的目标函数是使总的运行成本最小，包括各类电源的发电成本以及机组开停机产生的启停成本，即

$$\min C_{\text{operation}} = \sum_{n}^{N} \left[\left(C_n^G + C_n^S + C_n^D \right) \cdot \left(1+r \right)^{1-n} \right] \tag{5-1}$$

其中，$C_{\text{operation}}$ 为规划期内的总运行成本；N 为规划期；n 为规划年；C_n^G 为第 n 个规划年的发电成本；C_n^S 为第 n 个规划年的机组启动成本；C_n^D 为第 n 个规划年机组的关停成本；r 为折现率。

1. 发电成本

机组的发电成本主要是指在发电过程中产生的燃料消耗成本，一般采用机组出力的二次函数的形式来表示，即

$$C_n^G = \sum_{t}^{T} \sum_{i} a_i p_{i,t}^2 + b_i p_{i,t} + c_i \tag{5-2}$$

其中，T 为一年内运行模拟的总时段，本章选取 8760 小时；t 为运行模拟的单位时段；a_i, b_i, c_i 为机组 i 的燃料消耗系数；$p_{i,t}$ 为机组 i 在 t 时段的运行出力。

2. 启停成本

机组启停成本是电力系统在实际运行过程中由于发电机组启动或停机造成的燃料消耗、设备损耗、人工维护等成本的总和，与机组的启停状态变化有关，具体如式(5-3)和式(5-4)所示：

$$C_n^S = \sum_t^T \sum_i C_i^S, \quad u_{i,t} = 1, \ u_{i,t-1} = 0 \tag{5-3}$$

$$C_n^D = \sum_t^T \sum_i C_i^D, \quad u_{i,t} = 0, \ u_{i,t-1} = 1 \tag{5-4}$$

其中，C_i^S 为机组 i 的启动成本；C_i^D 为机组 i 的关停成本；$u_{i,t}$ 为机组的开关机状态，采用 0-1 变量进行表示，当 $u_{i,t}=0$ 时表示当前机组为关停状态，当 $u_{i,t}=1$ 时表示当前机组为开机状态。

5.2.2 约束条件

1. 机组出力约束

所有发电机组的出力都应处于电源投建容量及设备正常运行的能力范围之内，即

$$\lambda_j^{\min} \cdot P_{n,j}^E \leqslant p_{j,t} \leqslant \lambda_j^{\max} \cdot P_{n,j}^E \tag{5-5}$$

其中，$\lambda_j^{\min}$ 为第 j 类发电机组的最小出力系数；$P_{n,j}^E$ 为第 n 年第 j 类发电机组现存的装机容量；$p_{j,t}$ 为第 j 类发电机组在 t 时段的运行出力；$\lambda_j^{\max}$ 为第 j 类发电机组的最大出力系数。

2. 风光出力上限约束

风能和光伏发电出力具有波动性特征，不仅受装机容量的制约，还依赖于风光资源的时序特性，因此风电和光伏的实际出力上限受其最大发电能力约束[7]，具体如式(5-6)和式(5-7)所示：

$$0 \leqslant p_{\text{wind},t} \leqslant p_{\text{wind},t}^{\max} \tag{5-6}$$

$$0 \leqslant p_{\text{PV},t} \leqslant p_{\text{PV},t}^{\max} \tag{5-7}$$

其中，$p_{\text{wind},t}$ 为风电在 t 时段的实际出力；$p_{\text{wind},t}^{\max}$ 为风电在 t 时段的最大发电能力；$p_{\text{PV},t}$ 为光伏发电在 t 时段的实际出力；$p_{\text{PV},t}^{\max}$ 为光伏发电在 t 时段的最大发电能力。

3. 机组爬坡约束

当电力需求负荷发生变化时，由于机组自身特性和外部因素（例如热力、机械、电压、频率等）的影响，发电机组出力的变化需要受到爬坡约束的限制，以保证机组的安全运行和稳定性，具体如式(5-8)和式(5-9)所示：

$$p_{i,t} - p_{i,t-1} \leqslant \text{RU}_i \tag{5-8}$$

$$p_{i,t-1} - p_{i,t} \leqslant \text{RD}_i \tag{5-9}$$

其中，$p_{i,t}$ 为机组 i 在 t 时段的运行出力；RU_i 为机组 i 的最大向上爬坡速率；RD_i 为机组 i 的最大向下爬坡速率。

4. 机组启停时间约束

火电机组的启动和关停需要满足最小开停机时间约束，最小开机时间约束如式(5-10)所示，最小停机时间约束如式(5-11)所示：

$$\sum_{m=1}^{T_i^{\text{on}}-1} u_{i,t+m} \geqslant T_i^{\text{on}} \left(u_{i,t} - u_{i,t-1} \right) \tag{5-10}$$

$$\sum_{m=1}^{T_i^{\text{off}}-1} \left(1 - u_{i,t+m} \right) \geqslant T_i^{\text{off}} \left(u_{i,t-1} - u_{i,t} \right) \tag{5-11}$$

其中，T_i^{on} 为机组 i 的最小开机时间；T_i^{off} 为机组 i 的最小停机时间；m 表示机组 i 从 t 时段开始的时段计数。

5. 功率平衡约束

功率平衡约束是使系统总的发电功率能够每时每刻满足全国的用电负荷，从而保障电能的安全稳定供应，即

$$\sum_j p_{j,t} + p_{e,t}^d = \text{PL}_t + p_{e,t}^{\text{ch}} - p_{\text{cut},t} \tag{5-12}$$

其中，$p_{j,t}$ 为第 j 类发电机组在 t 时段的运行出力；$p_{e,t}^d$ 为储能在 t 时段的放电功率；PL_t 为全国在 t 时段的峰值电力负荷功率；$p_{e,t}^{\text{ch}}$ 为储能在 t 时段的充电功率；$p_{\text{cut},t}$ 为在 t 时段系统的切负荷量。

6. 弃风、弃光约束

当风电和光伏发电超出电力系统当前最大消纳能力时，将会产生弃风和弃光，

弃风、弃光约束分别如式(5-13)和式(5-14)所示：

$$p_{\text{wind},t} + p_{\text{wind},t}^{\text{cur}} = p_{\text{wind},t}^{\max} \tag{5-13}$$

$$p_{\text{PV},t} + p_{\text{PV},t}^{\text{cur}} = p_{\text{PV},t}^{\max} \tag{5-14}$$

其中，$p_{\text{wind},t}$ 为风电在 t 时段的实际出力；$p_{\text{wind},t}^{\text{cur}}$ 为风电在 t 时段的弃电量；$p_{\text{wind},t}^{\max}$ 为风电在 t 时段的最大发电能力；$p_{\text{PV},t}$ 为光伏发电在 t 时段的实际出力；$p_{\text{PV},t}^{\text{cur}}$ 为光伏发电在 t 时段的弃电量；$p_{\text{PV},t}^{\max}$ 为光伏发电在 t 时段的最大发电能力。

7. 储能充放电功率约束

储能装置的充放电功率不能超过其当年的实际建设功率，即

$$0 \leqslant p_{e,t}^d, p_{e,t}^{\text{ch}} \leqslant P_{e,n} \tag{5-15}$$

其中，$p_{e,t}^d$ 为储能在 t 时段的放电功率；$p_{e,t}^{\text{ch}}$ 为储能在 t 时段的充电功率；$P_{e,n}$ 为第 n 年储能的实际建设功率。

8. 储能容量约束

储能装置在充电过程中，其能量会随着充电而增加，在放电过程中，能量会随着放电而减少，且储能的运行容量不能超过其当年的实际建设容量，即

$$E_t = E_{t-1} + p_{e,t}^{\text{ch}} - p_{e,t}^d \tag{5-16}$$

$$0 \leqslant E_t \leqslant E_n \tag{5-17}$$

其中，E_t 为在 t 时段储能装置的存储能量；E_n 为第 n 年储能的实际建设容量。

5.3　模型求解与可靠性评估优化

5.3.1　运行模拟模型线性化

运行模拟模型的决策变量包括各时段各机组的运行状态以及各时段各机组的出力，这两类决策变量分别为二元变量和连续变量。此外，由于目标函数中的发电成本采用机组出力的二次函数的形式来表示，因此运行模拟模型本质上是一个混合整数非线性规划问题。随着数学规划理论和计算机水平的发展，商用求解器的性能大大提升。例如，目前 Gurobi 求解器已经支持求解混合整数二次规划问题，但是在求解变量较多的大规模优化问题时，商用求解器难以在短时间内求解。为了降低模

型复杂度，本节对运行模拟模型进行线性化处理，主要包括两个部分：一是目标函数中发电成本二次函数线性化，二是目标函数中机组启停成本分段函数线性化。

1. 发电成本线性化处理

本节采用分段线性化方法将式(5-2)表示的机组发电成本转化为线性化表达，即

$$C_n^G = \sum_{s=1}^{S} k_{i,s} \cdot p_{i,t,s} + u_{i,t} \cdot C_{0,i} \tag{5-18}$$

其中，C_n^G 为第 n 年的发电成本；S 为线性化分段总数；s 为分段区间；$k_{i,s}$ 为机组 i 在 s 分段线性化发电成本函数的斜率；$p_{i,t,s}$ 为机组 i 在 t 时段 s 分段的运行出力；$u_{i,t}$ 为机组的启停状态；$C_{0,i}$ 为机组 i 开机并以最小出力运行产生的发电成本。

具体转换方法如式(5-19)～式(5-21)所示：

$$p_{i,t} = \sum_{s=1}^{S} p_{i,t,s} + p_i^{min} \tag{5-19}$$

$$0 \leqslant p_{i,t,s} \leqslant \frac{p_i^{max} - p_i^{min}}{S} \tag{5-20}$$

$$C_{0,j} = a_i \left(p_i^{min} \right)^2 + b_i p_i^{min} + c_i \tag{5-21}$$

其中，$p_{i,t}$ 为机组 i 在 t 时段的运行出力；p_i^{min} 为机组 i 的最小运行出力；p_i^{max} 为机组 i 的最大运行出力；a_i, b_i, c_i 为机组 i 的燃料消耗系数。

通过分段线性化处理，原目标函数中的发电成本的二次函数曲线被一系列分段直线近似代替，如图 5-1 所示。

通过对目标函数中的发电成本进行分段线性化转化，式(5-2)转化为线性表达形式，如式(5-22)所示：

$$C_n^G = \sum_{s=1}^{S} k_{i,s} p_{i,t,s} + u_{i,t} C_{0,i}$$

$$\begin{cases} p_{i,t} = \sum_{s=1}^{S} p_{i,t,s} + p_i^{min} \\ 0 \leqslant p_{i,t,s} \leqslant \frac{p_i^{max} - p_i^{min}}{S} \\ C_{0,j} = a_i \left(p_i^{min} \right)^2 + b_i p_i^{min} + c_i \end{cases} \tag{5-22}$$

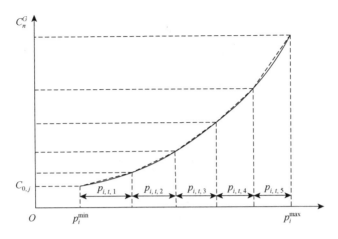

图 5-1 分段线性化发电成本曲线

2. 机组启停成本线性化处理

机组启停成本与机组启停状态相关，在运行模拟模型的目标函数中，机组启停成本为分段函数形式，本节通过引入 0-1 辅助变量 $x_{i,t}$ 和 $y_{i,t}$ 将其转化为连续表达式，如式(5-23)~式(5-26)所示：

$$C_n^S = \sum_t^T \sum_i C_i^S \left(u_{i,t} - u_{i,t-1} \right) x_{i,t} \tag{5-23}$$

$$C_n^D = \sum_t^T \sum_i C_i^D \left(u_{i,t-1} - u_{i,t} \right) y_{i,t} \tag{5-24}$$

$$x_{i,t} + y_{i,t} \leqslant 1 \tag{5-25}$$

$$x_{i,t} - y_{i,t} = u_{i,t} - u_{i,t-1} \tag{5-26}$$

其中，C_n^S 为第 n 年机组的总启动成本；C_i^S 为机组 i 的启动成本；C_n^D 为第 n 年的机组的总关停成本；C_i^D 为机组 i 的关停成本；$u_{i,t}$ 为机组 i 在 t 时刻的开关机状态；$x_{i,t}=1$ 为机组 i 在 t 时刻从停机状态切换为开机状态，其余情况下 $x_{i,t}=0$；$y_{i,t}=1$ 为机组 i 在 t 时刻从开机状态切换为停机状态，其余情况下 $y_{i,t}=0$。

此时，机组启停成本变为 0-1 变量相乘的非线性形式，本节依据文献[8]提出的 B-B（binary multiplied by binary，0-1 变量乘 0-1 变量）线性化方法，假设 $r_{1,t}=x_{i,t}u_{i,t-1}$，$r_{2,t}=x_{i,t}u_{i,t}$，$r_{3,t}=y_{i,t}u_{i,t-1}$，$r_{4,t}=y_{i,t}u_{i,t}$，则式(5-23)和式(5-24)可以转化为如式(5-27)和式(5-28)所示的线性表达式：

$$C_n^S = \sum_t^T \sum_i C_i^S \left(r_{2,t} - r_{1,t} \right)$$

$$\begin{cases} x_{i,t} + u_{i,t-1} - r_{1,t} - 1 \leqslant 0 \\ r_{1,t} - x_{i,t} \leqslant 0 \\ r_{1,t} - u_{i,t-1} \leqslant 0 \\ x_{i,t} + u_{i,t} - r_{2,t} - 1 \leqslant 0 \\ r_{2,t} - x_{i,t} \leqslant 0 \\ r_{2,t} - u_{i,t} \leqslant 0 \end{cases} \tag{5-27}$$

$$C_n^D = \sum_t^T \sum_i C_i^D \left(r_{3,t} - r_{4,t} \right)$$

$$\begin{cases} y_{i,t} + u_{i,t-1} - r_{3,t} - 1 \leqslant 0 \\ r_{3,t} - y_{i,t} \leqslant 0 \\ r_{3,t} - u_{i,t-1} \leqslant 0 \\ y_{i,t} + u_{i,t} - r_{4,t} - 1 \leqslant 0 \\ r_{4,t} - y_{i,t} \leqslant 0 \\ r_{4,t} - u_{i,t} \leqslant 0 \end{cases} \tag{5-28}$$

等价性证明如下：①当 $u_{i,t}=1$，$u_{i,t-1}=0$ 时，机组由停机状态切换为开机状态，此时 $x_{i,t}=1$，$r_{1,t}=0$，$r_{2,t}=1$，式(5-27)成立，且可以推出 $C_n^S = \sum_t^T \sum_i C_i^S$，因此式(5-27)与式(5-3)是等价的；②当 $u_{i,t}=0$，$u_{i,t-1}=1$ 时，机组由开机状态切换为停机状态，此时 $y_{i,t}=1$，$r_{3,t}=1$，$r_{4,t}=0$，式(5-28)成立，且可以推出 $C_n^D = \sum_t^T \sum_i C_i^D$，因此式(5-28)与式(5-4)是等价的。

通过对目标函数中的发电成本和启停成本进行线性化处理，运行模拟模型的目标函数转化为线性形式，原问题由混合整数非线性规划问题转化为混合整数线性规划问题，如式(5-29)所示：

$$\min C_{\text{operation}} = \sum_n^N \left[\left(C_n^G + C_n^S + C_n^D \right) (1+r)^{1-n} \right]$$

$$C_n^G = \sum_{s=1}^S k_{i,s} p_{i,t,s} + u_{i,t} C_{0,i}$$

$$C_n^S = \sum_t^T \sum_i C_i^S \left(r_{2,t} - r_{1,t} \right)$$

$$C_n^D = \sum_t^T \sum_i C_i^D \left(r_{3,t} - r_{4,t} \right)$$

$$
\begin{cases}
\lambda_j^{\min} P_{n,j}^E \leqslant p_{j,t} \leqslant \lambda_j^{\max} P_{n,j}^E \\[4pt]
0 \leqslant p_{\mathrm{wind},t} \leqslant p_{\mathrm{wind},t}^{\max} \\[4pt]
0 \leqslant p_{\mathrm{PV},t} \leqslant p_{\mathrm{PV},t}^{\max} \\[4pt]
p_{i,t} - p_{i,t-1} \leqslant \mathrm{RU}_i \\[4pt]
p_{i,t-1} - p_{i,t} \leqslant \mathrm{RD}_i \\[4pt]
\sum_{m=1}^{T_i^{\mathrm{on}}-1} u_{i,t+m} \geqslant T_i^{\mathrm{on}} \left(u_{i,t} - u_{i,t-1} \right) \\[4pt]
\sum_{m=1}^{T_i^{\mathrm{off}}-1} \left(1 - u_{i,t+m} \right) \geqslant T_i^{\mathrm{off}} \left(u_{i,t-1} - u_{i,t} \right) \\[4pt]
\sum_{j} p_{j,t} + p_{e,t}^d = \mathrm{PL}_t + p_{e,t}^{\mathrm{ch}} - p_{\mathrm{cut},t} \\[4pt]
p_{\mathrm{wind},t} + p_{\mathrm{wind},t}^{\mathrm{cur}} = p_{\mathrm{wind},t}^{\max} \\[4pt]
p_{\mathrm{PV},t} + p_{\mathrm{PV},t}^{\mathrm{cur}} = p_{\mathrm{PV},t}^{\max} \\[4pt]
0 \leqslant p_{e,t}^d, p_{e,t}^{\mathrm{ch}} \leqslant P_{e,n} \\[4pt]
E_t = E_{t-1} + p_{e,t}^{\mathrm{ch}} - p_{e,t}^d \\[4pt]
0 \leqslant E_t \leqslant E_n \\[4pt]
p_{i,t} = \sum_{s=1}^{S} p_{i,t,s} + p_i^{\min} \\[4pt]
0 \leqslant p_{i,t,s} \leqslant \dfrac{p_i^{\max} - p_i^{\min}}{S} \\[4pt]
C_{0,j} = a_i \left(p_i^{\min} \right)^2 + b_i p_i^{\min} + c_i \\[4pt]
x_{i,t} + y_{i,t} \leqslant 1 \\[4pt]
x_{i,t} - y_{i,t} = u_{i,t} - u_{i,t-1} \\[4pt]
x_{i,t} + u_{i,t-1} - r_{1,t} - 1 \leqslant 0 \\[4pt]
r_{1,t} - x_{i,t} \leqslant 0 \\[4pt]
r_{1,t} - u_{i,t-1} \leqslant 0 \\[4pt]
x_{i,t} + u_{i,t} - r_{2,t} - 1 \leqslant 0 \\[4pt]
r_{2,t} - x_{i,t} \leqslant 0 \\[4pt]
r_{2,t} - u_{i,t} \leqslant 0 \\[4pt]
y_{i,t} + u_{i,t-1} - r_{3,t} - 1 \leqslant 0 \\[4pt]
r_{3,t} - y_{i,t} \leqslant 0 \\[4pt]
r_{3,t} - u_{i,t-1} \leqslant 0 \\[4pt]
y_{i,t} + u_{i,t} - r_{4,t} - 1 \leqslant 0 \\[4pt]
r_{4,t} - y_{i,t} \leqslant 0 \\[4pt]
r_{4,t} - u_{i,t} \leqslant 0
\end{cases}
\tag{5-29}
$$

5.3.2 可靠性评估优化

大规模的风能和光伏发电为电能的安全供应带来了风险，在这样的背景下，要保障电能的供给安全和电力系统的稳定运行，需要对"风光＋储"投建规划方案进行可靠性评估。可靠性指的是电力系统在一定时间内，能够持续、稳定、可靠地供应电能，以满足用户的用电需求。可靠性评估是通过定量指标衡量电力系统在给定条件下安全可靠地向用户提供不间断电能的能力，通常包括系统建模、可靠性指标确定、计算结果分析和可靠性改进等环节。电力系统的可靠性评估是电力系统设计和规划中的重要一环，能够评估电源规划方案的安全性，预先找出薄弱环节和风险点，从而制定相应的可靠性改进措施，以确保电力系统的正常运行和可靠供电。

本节选取电能不足期望值作为可靠性评估指标，电能不足期望值是指在规划年内，发电机组由于各种原因停运，导致对用户进行供电时发生停电，进而降低电能供给的期望值。其计算公式如式(5-30)所示，电能不足期望值的计算综合涵盖了停电时长、停电次数以及电能损失等因素，是供电能力可靠性评估的重要指标。

$$\text{EENS}_n = \sum_{t=1}^{T} \Delta x \cdot P(x) \tag{5-30}$$

其中，EENS_n 为第 n 年的电能不足期望值；T 为一年内运行模拟的总时段；Δx 为 t 时段电力系统因不能满足需求造成的电能削减量；$P(x)$ 为 t 时段电力系统发电不能满足用电需求的概率。

电能不足期望值由运行模拟模型计算得出，为了保障电能供给安全，规定投建规划方案在模拟运行过程中削减的电能不能超过一定的限值，即

$$\text{EENS}_n \leqslant \text{EENS}_n^{\max} \tag{5-31}$$

其中，$\text{EENS}_n^{\max}$ 为第 n 年的电能不足期望值的规定上限。

本节将投建规划模型得到的电源和储能投建规模作为运行模拟模型的输入和边界条件，并通过日内优化调度对其进行运行模拟，计算电能不足期望值，并将其作为电能供给安全的可靠性评估指标。对于在运行模拟过程中无法通过可靠性检验的投建规划方案，增加灵活性电力资源，即煤电 CCS 机组的投建容量。煤电 CCS 是配备了碳捕集与封存装置的煤电机组，能够有效捕获煤炭发电所产生的碳排放，同时保留煤电的调峰调频特性，增加煤电 CCS 机组的投建规模能够提升系统的充裕性和灵活性，保障电能供给的可靠性。此外，将运行模拟模型得到的机组和储能的出力情况反馈给投建规划模型，对电源利用小时数等运行参数进行优化，更新投建规划模型的决策依据，进行闭环方案评估校验与调整优化，直至得到满足电能供给可靠性的电源及储能投建规划方案。

投建规划方案可靠性评估优化的具体步骤如下。

步骤 1：输入各类电源装机容量的初始数据及电源投建和运行的相关参数。

步骤 2：以风电、光伏和储能的投建规模为研究重点，构建投建规划模型；基于政策目标对风光的投建路径进行模糊规划，确定可信性置信水平，将风电和光伏投建路径的模糊机会约束转化为确定性约束，并对投建规划模型进行求解。

步骤 3：投建规划模型求解结果清晰化后，将电源和储能投建规模作为输入传递给运行模拟模型，在给定的电源装机结构和储能规模的边界内，对日内各电源的出力情况和储能的运行情况进行模拟。

步骤 4：通过运行模拟，计算投建规划方案的电能不足期望值，并将其作为电能供给安全的可靠性指标，对投建路径的可行性进行评估检验。

步骤 5：判断规划方案是否满足电能供给安全的可靠性指标，若满足，则输出电源及储能的投建规划方案；若不满足，则增加灵活性发电资源，即煤电 CCS机组的投建容量，在不增加碳排放量的前提下提高系统的充裕性和灵活性，并将运行模拟模型的运行结果返回，修正更新电源利用小时数等运行参数，并重复执行步骤 1 至步骤 5。

投建规划方案可靠性评估优化的流程图如图 5-2 所示。

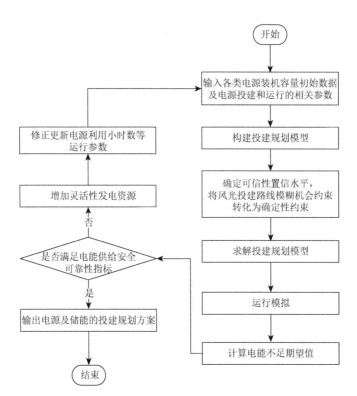

图 5-2　投建规划方案的可靠性评估优化流程图

5.4　算例测算结果特征

将投建规划模型的求解结果作为运行模拟模型的输入,基于 MATLAB R2022a 平台采用 YALMIP 调用 Gurobi 9.5.1 求解器对运行模拟模型进行求解,并实现对投建规划方案的评估优化。为了验证基于电能供给安全的"风光 + 储"运行模拟模型的有效性,增加对比模型,将不进行可靠性评估与优化调整的运行结果与进行可靠性评估与优化调整的运行结果相比较,结果如图 5-3 所示。

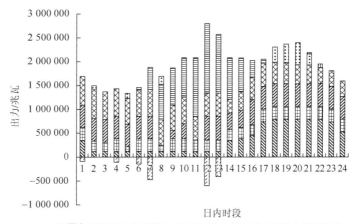

(a) 不进行可靠性评估与优化调整的运行结果

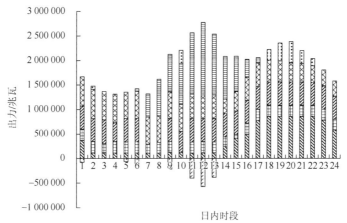

(b) 进行可靠性评估与优化调整的运行结果

图 5-3　运行模拟模型优化结果

从图 5-3 中可以看出，不进行可靠性评估与优化调整的运行结果在晚上用电高峰期时会产生切负荷的现象，导致部分用户供电中断。尽管在投建规划模型中设定了电力平衡约束并预留了一部分备用容量，但是在规划阶段无法体现风光出力的波动性特征，在电力系统实际运行的过程中由于风光资源具有时序特性，其在某些时刻无法提供可靠的电能供给。

通过运行模拟模型对电源投建规划方案进行运行模拟，可以提前发现系统中潜在的电能供给不足风险并及时调整优化，在进行可靠性评估与优化调整的运行结果中［图 5-3（b）］，系统中的电力负荷可以时刻得到满足，没有出现切负荷的现象。可见，通过增加系统中的灵活性调节资源，可以在用电高峰期且风光无法提供充足出力时提供有效支撑，从而保障电能供给安全。

第6章　多情景下我国"风光＋储"投建决策

由于风电和光伏发电具有波动性特征，配置储能可以有效提高消纳水平，降低弃风、弃光率，同时有助于支撑电力平衡，保障电能的安全供应。近年来，国家十分重视风光与储能的协调互补，密集出台了多项政策支持储能技术的发展和应用。在国家政策的指导下，各地区也积极推出相应政策，要求风电、光伏项目配置储能，并将储能搭配比例作为硬性要求。首先，基于对我国风电和光伏投建以及储能配置政策的充分调研，本章设置三种不同政策目标下风光储的发展情景，模拟三种情景下我国 2020～2060 年（如无特殊说明，本章提到的所有"2020～2060 年"均指的是每 5 年为一个时间节点）风电及光伏的投建路径，并对其进行综合比较分析。其次，为了对"风光＋储"的投建路径进行客观评价和方案选择，本章还将建立考虑经济性、环保性和安全性的综合评价指标体系，使用熵权逼近理想解排序法（technique for order preference by similarity to an ideal solution，TOPSIS）对三种方案进行评价和排序，得到兼顾经济、低碳与安全的"风光＋储"投建路径最优决策方案。最后，本章结合我国当前发电企业对于风光储一体化项目的建设投资能力进行进一步分析，讨论发电企业落实风光储规划方案所需的支撑条件，并据此对未来中国长期推进"双碳"战略下"风光＋储"模式的良性发展提出相关政策建议。

6.1　政策背景调研与情景设置

6.1.1　政策背景调研

大力发展可再生能源是我国实现"双碳"目标的内在要求，作为新能源发电中的主力电源，风力发电和光伏发电在构建清洁高效的新型电力系统中发挥着不可替代的作用。我国大力推动风光发电作为电力供应的主体，对风电和光伏的投建规模也规定了发展任务和方向。我国提出要积极发展风力发电和太阳能发电，在实现大规模开发的基础上同步推进高质量建设，国家发展改革委和国家能源局出台了《关于促进新时代新能源高质量发展的实施方案》。为助力碳达峰、碳中和目标顺利实现，《"十四五"可再生能源发展规划》对我国风电、光伏的建设提出了四个方面的要求：一是大规模发展，在跨越式发展基础上，进一步加快提高发电装机占比;二是高比例发展,由能源电力消费增量补充转为增量主体,在能源电力消费中的占比快速提升;三是市场化发展,由补贴支撑发展转为平价低价发展,由政策驱动发展转为市场驱动发展;四是高质量发展,既大规模开发,也高水平消纳,更保障电力稳定可靠供应。

"十四五"时期是我国实现"双碳"目标的关键时期,在国家政策目标的指引下,2022 年以来各地区纷纷出台可再生能源的"十四五"发展规划,在规划中明确提出了"十四五"期间风电和光伏的发展目标,具体如表 6-1 所示。其中,内蒙古、甘肃、山西、山东、青海等省份风光资源丰富,装机规模发展潜力和增长空间巨大,相应提出了雄心勃勃的发展目标,为我国风电和光伏投建目标的完成提供了有力支持。

表 6-1 各省(自治区)"十四五"规划中提出的风电、光伏发展目标

省份	"十四五"发展目标	
	风电	光伏
内蒙古	累计 89 吉瓦	累计 45 吉瓦
甘肃	累计 39 吉瓦	累计 42 吉瓦
山西	累计 30 吉瓦	累计 50 吉瓦
山东	累计 25 吉瓦	累计 57 吉瓦
青海	累计 17 吉瓦	累计 46 吉瓦
江西	累计 7 吉瓦,新增 2 吉瓦	累计 24 吉瓦,新增 16 吉瓦
广东	新增 17 吉瓦	新增 20 吉瓦
贵州	累计 11 吉瓦	累计 31 吉瓦,新增 20 吉瓦
云南	风光项目共计 73 吉瓦	
湖北	累计 10 吉瓦,新增 50 吉瓦	累计 22 吉瓦,新增 15 吉瓦
广西	新增 18 吉瓦	新增不低于 1300 万千瓦
四川	累计 10 吉瓦,新增 6 吉瓦	累计 12 吉瓦,新增 10 吉瓦
湖南	累计 12 吉瓦	累计 13 吉瓦
浙江	累计 6 吉瓦,新增 5 吉瓦	累计 28 吉瓦,新增 12 吉瓦
福建	累计 9 吉瓦,新增 4 吉瓦	累计 5 吉瓦,新增 3 吉瓦

随着风力发电和太阳能发电在电能供给结构中的占比不断提高,推进电力系统清洁转型的同时,风光的波动性对电力系统的影响也日益扩大,为电力系统的安全运行带来了一定的压力和风险。在此背景下,储能成为推动风电和光伏大规模发展至关重要的一环,是有效解决风光消纳和保障电能安全供应的必要手段。储能系统通过将电需求低谷期的风光发电能量向用电需求高峰期进行迁移,不仅

可以平衡电力需求和供给，提高电能供应质量和电力系统运行的可靠性，减少系统设备损耗和故障风险，保障供应安全；还可以提升电力系统消纳能力，实现风能和太阳能的有效利用，减少资源浪费，降低系统用电成本。总体来看，我国风电和光伏的大规模建设离不开储能技术的支持，对风光发电项目进行储能配置和协同优化已经成为未来发展的必然趋势。

当前，我国十分重视风电和光伏发电与储能的协调互补，在《"十四五"可再生能源发展规划》中提出要重点建设"风光储"一体化的清洁能源基地，旨在打造清洁高效、安全稳定的能源供给体系。储能已经成为建设风电和光伏项目的标配，近年来我国连续发布了多项相关政策，以推动储能技术和产业的发展。2021年2月，《国家发展改革委 国家能源局关于推进电力源网荷储一体化和多能互补发展的指导意见》中要求推进多能互补以及风光储一体化发展：对于存量新能源项目，结合新能源特性、受端系统消纳空间，研究论证增加储能设施的必要性和可行性。对于增量风光储一体化，优化配套储能规模，充分发挥配套储能调峰、调频作用，最小化风光储综合发电成本，提升综合竞争力。2021年5月，《国家能源局关于2021年风电、光伏发电开发建设有关事项的通知》中提出，"对于保障性并网范围以外仍有意愿并网的项目，可通过自建、合建共享或购买服务等市场化方式落实并网条件后，由电网企业予以并网。并网条件主要包括配套新增的抽水蓄能、储热型光热发电、火电调峰、新型储能、可调节负荷等灵活调节能力"。2021年7月，《国家发展改革委 国家能源局关于加快推动新型储能发展的指导意见》中明确了"十四五"规划期内新型储能的发展目标，即装机规模达到3000万千瓦以上，相当于扩展为截至2021年底装机规模（573万千瓦）的五倍以上。

在国家战略方针的指引下，各地政府积极响应中央政策，因地制宜进行战略部署，出台政策通知，要求或建议为新增的风电、光伏项目配置储能，并将储能搭配比例作为硬性要求，力促储能在风光发电侧的应用。当前全国共有 26 个省（区、市）发布了相关政策，对投建风光项目的储能配置比例提出明确要求，其中海南省对风电和光伏强配储能的要求比例最高，达到了 25%，其余各地区将规定比例设置在 5%~20%左右，具体如表 6-2 所示。

表 6-2　各地区政策要求的风光项目储能配置比例

地区	储能配置比例	地区	储能配置比例
海南	25%	湖南	5%~10%
甘肃	20%	山西	5%~10%
广西	15%~20%	陕西	10%~20%
西藏	20%	青海	10%
上海	20%	四川	10%

续表

地区	储能配置比例	地区	储能配置比例
河南	20%	广东	10%
浙江	10%～20%	宁夏	10%
山东	15%	湖北	10%
福建	15%	江西	10%
内蒙古	15%	贵州	10%
河北	10%～20%	新疆	10%
天津	10%～20%	江苏	8%～10%
辽宁	10%～15%	安徽	5%

6.1.2　发展情景设置

在国家政策的大力推动下，风电、光伏和储能进入了规模化快速发展阶段，2020～2022 年新增装机规模超过了近十年新增装机规模的一半，其发展边界受政策影响发生了深刻的变化。为实现碳中和目标，风电、光伏和储能在长期的发展规划中需要政策目标的指引。依据我国 2023 年发布的《新型电力系统发展蓝皮书》，本章锚定"双碳"目标，为建设以风光发电技术为核心的新型电力系统制定"三步走"的发展路径，以 2030 年和 2050 年为关键时间节点设置三种不同的发展情景，通过拟定风光投建目标以及储能配置比例，明确风光储投建路径规划的边界。本章设置的三种发展情景分别为基准情景、适度情景和积极情景，这三种发展情景的主要边界条件如表 6-3 所示。

表 6-3　三种发展情景的主要边界条件

发展情景	2030 年目标装机容量/吉瓦		2050 年目标装机容量/吉瓦		储能配置比例
	风电	光伏发电	风电	光伏发电	
基准情景	1200		1000	2000	10%
适度情景	460	850	2000	2600	15%
积极情景	800	1200	2500	5000	20%

其中，基准情景的设置参照了我国现行政策的基准水平，适度情景和积极情景的设置则参照了国家权威机构发布的研究报告，三种发展情景的具体设置依据如下。

基准情景：该情景是基于我国现行政策的基准水平设置的保守情景。依据2021 年发布的《中共中央 国务院关于完整准确全面贯彻新发展理念做好碳达峰碳中和工作的意见》,到 2030 年我国风电、太阳能发电总装机容量至少达到 12 亿千瓦（即 1200 吉瓦）;依据 2011 年发布的《中国风电发展路线图 2050》,以及 2021 年发布的《2060 年世界和中国能源展望（2021 版）》,到 2050 年我国风力发电和光伏发电至少达到 1000 吉瓦和 2000 吉瓦的装机规模;依据我国各省份风光强配储能政策,将 10%的基准水平作为储能配置比例。

适度情景:该情景是在基准情景的基础上,进一步结合我国的发展现状设置的可行情景。依据国家发展改革委给出的 2050 年中国可再生能源发展前景蓝图,2050 年风电装机在 20 亿到 24 亿千瓦,太阳能装机在 26 亿千瓦左右。考虑我国目前的能源技术发展水平,本节据此设定到 2030 年,我国风力发电将达到 460 吉瓦的装机规模,光伏发电将达到 850 吉瓦的装机规模;到 2050 年,风力发电将达到 2000 吉瓦的装机规模,光伏发电将达到 2600 吉瓦的装机规模;依据我国各省份风光强配储能政策,将 15%的中间水平作为储能配置比例。

积极情景:该情景是基于国家权威机构对我国新能源发展的积极展望提出的高速发展情景。依据国家发展改革委能源研究所、隆基绿能科技股份有限公司和陕西煤业化工集团撰写的《中国 2050 年光伏发展展望》,到 2025 年和 2035 年光伏发电的装机容量规模将会达 730 吉瓦和 3000 吉瓦,在全国所有电源的装机容量中位列第一,到 2050 年时,光伏发电的装机容量规模将进一步提升,达到 5000 吉瓦,本节据此设定到 2030 年和 2050 年光伏发电的装机容量规模分别将达到 1200 吉瓦和 5000 吉瓦。依据 400 多家风电企业在 "2020 北京国际风能大会暨展览会" 上一致通过并联合发布的《风能北京宣言》,在 "十四五" 规划期间,风力发电的装机规模至少保持 50 吉瓦的年均增量,2025 年以后至少维持 60 吉瓦的年均增量;到 2030 年至少达到 800 吉瓦;到 2060 年至少达到 3000 吉瓦,本节据此设定到 2030 年和 2050 年风力发电的装机容量规模分别将达到 800 吉瓦和 2500 吉瓦。依据我国各省份风光强配储能政策,将 20%的高水平作为储能配置比例。

明确发展情景是进行投建规划和方案决策的前提,情景模拟有助于了解不同发展情景下的结果以及评估可能带来的影响,以便为政策的制定提供优化设计的依据。通过对不同情景下的风电与光伏的投建路径进行模拟,本章将对不同投建规划方案进行比较分析,评估不同方案的实施效果,为提高政策制定的质量和实效提出参考建议。

6.2   投建路径关键指标特征、方案评价、支撑条件及策略

6.2.1   投建路径分析

三种发展情景下我国 2020~2060 年的风电投建路径如图 6-1 所示。在基准情景下,我国的风电装机容量在 2030 年、2050 年和 2060 年分别达到了 609 吉瓦、

1479 吉瓦和 1704 吉瓦，2060 年我国风力发电相比 2020 年新增装机容量 1422 吉瓦，平均每年新增的装机规模达到了 35.55 吉瓦，总体上维持了较为稳定的增长水平，基本延续了我国目前风电投建规模的增长速度。

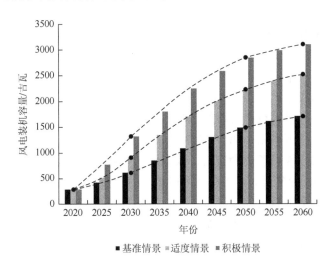

图 6-1　三种发展情景下我国 2020～2060 年风电投建路径

图中三条虚线是为了直观表示三种发展情景下各自的风电装机容量增长曲线，2030 年及 2050 年上的黑色圆点表示三种发展情景的边界条件，2060 年上的黑色圆点表示三种情景预测出的 2060 年不同的装机容量

在适度情景下，我国的风电装机规模在 2030 年、2050 年和 2060 年分别达到了 904 吉瓦、2200 吉瓦和 2513 吉瓦。与基准情景相比，适度情景下风电的投建规模有了大幅提升，2060 年相比 2020 年年均新增装机容量达到了 55.76 吉瓦，是基准情景下的 1.57 倍，更大限度地开发和利用了我国目前的风力资源。

在积极情景下，我国的风电装机容量在 2030 年、2050 年和 2060 年分别达到了 1310 吉瓦、2842 吉瓦和 3096 吉瓦，总体上呈现规模化高速发展，2060 年的风电装机规模约为 2020 年装机规模的 10 倍，不仅需要我国陆上风力的支持，更需要大力开发和利用海上风能资源。我国陆上风能的资源主要分布在西北地区、东北地区、华北地区和华南地区，潜在开发量在 2600 吉瓦以上，而海上风能主要集中在我国的东南沿岸，且海风风速明显大于陆地，是我国风能资源最丰富的地区。海上风力发电具有多种优势，如风能资源稳定、发电容量大、发电利用效率高、能源成本低、对环境影响小等。我国拥有大面积的沿海地区，海上风能资源相当丰富，开发海上风力发电潜力对于我国实现"双碳"目标、推进低碳清洁发展、保障能源供给安全具有十分重要的意义。然而受到地理条件的限制，相比于陆上风电，海上风电的开发难度较大、开发成本较高，需要加大研发力度，提高海上风电的开发的自主创新能力。

　　从图 6-1 中的发展趋势来看，三种政策情景下的风电投建路径均呈现出发展速度由高速转向中速，再转向低速的阶段性特征。2020～2030 年为风电投资建设的高速发展时期，在基准情景、适度情景和积极情景下，2020～2030 年新增风电装机容量分别占到了 2020 年风电装机总量的 116.0%、220.6% 和 364.5%，装机规模的年均增长率分别为 8.0%、12.4% 和 16.6%，是我国风电发展的加速转型期。2030～2050 年风电投建速度相比于上一时期略有所下降，但仍呈现出逐年稳定增长的趋势，三种情景下的年均增长率分别为 4.5%、4.5% 和 3.9%，是我国风电建设规模的总体形成期。2050～2060 年，风电的建设规模基本上保持稳定，进入了低速发展阶段，是我国风电发展的巩固完善期。

　　三种发展情景下我国 2020～2060 年光伏投建路径如图 6-2 所示。与风能资源相比，我国的太阳能资源更为充裕，我国地域广阔，大部分地区的日照时数都较长，太阳辐射强度也较高，其中西北地区的日照小时数可以达到每年 3000 小时以上，太阳辐射强度可以达到每平方米 160 万焦耳以上。根据数据统计，我国可开发的光伏装机容量规模可达 156 亿千瓦，因此合理开发和利用太阳能资源是我国实现碳中和的关键。由图 6-2 可以看出，三种情景下我国光伏的投建规模在总体上均大于风电的投建规模。

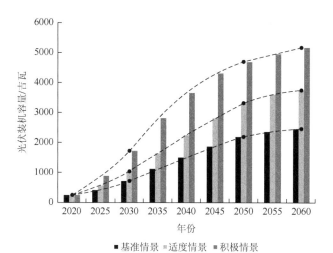

图 6-2　三种发展情景下我国 2020～2060 年光伏投建路径

图中三条虚线是为了直观表示三种发展情景下各自的光伏装机容量增长曲线，2030 年及 2050 年上的黑色圆点表示三种发展情景的边界条件，2060 年上的黑色圆点表示三种情景预测出的 2060 年不同的装机容量

　　在基准情景下，我国光伏的总装机容量在 2030 年、2050 年和 2060 年分别达到了 722 吉瓦、2199 吉瓦和 2461 吉瓦，2060 年相比 2020 年新建光伏装机容量 2208 吉瓦，年均新增装机容量 55.2 吉瓦，高于风电的增长速度。

在适度情景下,我国光伏装机容量分别在 2030 年、2050 年和 2060 年达到了 1051 吉瓦、3324 吉瓦和 3762 吉瓦,2060 年相比 2020 年新建光伏装机容量 3509 吉瓦,年均新增装机为 87.7 吉瓦,比基准情景的年均新增装机容量提高了 59%。

在积极情景下,我国光伏装机容量分别在 2030 年、2050 年和 2060 年达到了 1739 吉瓦、4693 吉瓦和 5177 吉瓦。在积极情景下,2030 年光伏的装机容量将会超过火电,成为我国装机容量最大的电源。

从发展趋势上来看,与风电投建路径类似,2020~2060 年我国光伏的投建路径也可以大致分为加速转型期、总体形成期和巩固完善期三个阶段。2020~2030 年,三种政策情景下光伏投建量均呈现出递增的趋势,基准情景、适度情景和积极情景下光伏装机规模的年均增长率分别为 10.5%、13.3% 和 17.4%,延续了近两年我国光伏大规模高速发展的趋势。2030~2050 年,三种情景下光伏装机容量继续保持着稳定增长的趋势。2050~2060 年,光伏的投建规模进入了低速发展阶段,三种情景下光伏装机的年均增长率分别为 1.13%、1.25% 和 0.99%。

在现代化进程、气候环境变化、低碳经济和国家安全战略等外部因素的驱动下,我国电源结构演化路径的发展条件发生了深刻的变化,构建以风光为主体的新型电力系统是我国目前能源电力转型的方向。由于风光可再生能源具有天然波动性,要实现风电和光伏大规模发展是一项复杂而又艰巨的长期任务,需要结合我国的实际情况对其发展路线进行统筹规划和合理布局。党的二十大报告指出:"实现碳达峰碳中和是一场广泛而深刻的经济社会系统性变革。立足我国能源资源禀赋,坚持先立后破,有计划分步骤实施碳达峰行动。"[①]锚定我国"双碳"目标,结合上述分析,本节建议以 2030 年、2050 年和 2060 年为关键时间节点,按照加速转型、总体形成和巩固完善三个阶段有计划地制定风电和光伏投建路径,分步推进电力系统的绿色低碳转型。

从当前到 2030 年是我国电力部门推进碳达峰的关键时期,需要大力推进风电和光伏发电的快速发展,实现电源清洁化。未来十年我国电力部门要以推进碳达峰为主要任务,继续推动风电和光伏成为我国新增装机容量和新增发电量的主体。充分发挥我国的资源禀赋优势,加大开发力度,重点围绕我国戈壁、荒漠等风光资源丰富地区进行大型风电、光伏基地建设,积极推动我国东南沿海地区的海上风电规模化开发,将海上风电建设由近海向深海扩展。

2030~2050 年是我国形成以风光为主体的电能供应结构的重要时期,发展任务从快速增加风电和光伏的装机规模转向重点提升风光发电的可靠性。2030 年以后,我国电力系统的碳排放水平由峰值逐渐平稳下降,根据发达国家的发展经验,

---

① 习近平:高举中国特色社会主义伟大旗帜 为全面建设社会主义现代化国家而团结奋斗——在中国共产党第二十次全国代表大会上的报告,http://www.qstheory.cn/yaowen/2022-10/25/c_1129079926.htm[2022-11-21]。

我国的电力需求增速将会逐渐变缓,到 2050 年前后达到饱和水平,不再持续增长。水电、核电受到能源资源约束,增速逐渐放缓,风电和光伏成为我国电源装机的主体,需要协同发展新型储能技术和煤电清洁化技术,对风光发电形成支持作用,提升新能源的可靠替代性和系统的消纳能力。

2050~2060 年,我国以风电和太阳能发电为主体的新型电力系统进入成熟期,风电和光伏的建设目标基本已经完成,这一时期的主要任务为促进风光与各类新技术、新模式、新业态的融合,实现大规模应用,助力电能供给体系逐步完善。煤电、水电、核电等传统电源转变为系统调节性电源,发挥电能供给的备用容量和应急保障作用。应将风电和光伏发电与氢能等二次能源融合利用,推广绿电制氢、绿电制甲烷等新业态模式,构建多种能源与电能联通融合的能源体系。

6.2.2　关键指标特征分析

1. 电源结构分析

2060 年三种发展情景下我国的电源装机结构如图 6-3 所示。

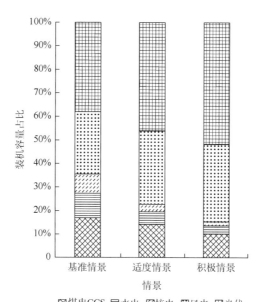

图 6-3　2060 年三种发展情景下我国的电源装机结构

煤电 CCS 机组作为配备了碳捕集技术的煤电机组,能够捕获由自身发电产生的二氧化碳,从而实现近零排放,代替传统煤电机组在电力系统中起到调节电源灵活性和支撑电源供给的作用。2060 年,在基准情景、适度情景和积极情景下,非化石能源装机容量占比分别为 83.1%、85.8% 和 89.9%,均完成了国务院提出的非化石能源在能源消费中的占比超过 80% 的目标。

在基准情景、适度情景和积极情景下,风电和光伏的装机容量合计占比相应为 64.5%、77.2% 和 84.6%,积极的风光发展政策有助于推动形成风光在新型电力系统中的主体地位,但同时风电和光伏作为波动性可再生电源,高比例接入电力系统将会对电源结构和形态以及电能安全供应造成冲击。在高比例可再生能源的电力系统中,风电和光伏的波动性将成为未来电力系统中不确定性的主要来源,需要新增大规模的储能和调节电源,提高波动性电源的消纳能力,维持源荷间的供需平衡,保障电力系统安全可靠运行。

风电和光伏的大规模发展离不开储能技术的支持,为了探讨储能技术对风电和光伏投建规模的影响,本节以适度情景为例,对储能配置比例进行敏感性分析,具体结果如图 6-4 所示。

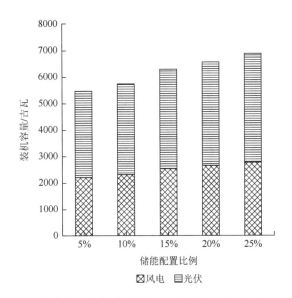

图 6-4 储能配置比例对风电和光伏装机容量的敏感性分析

根据图 6-4 可知,储能技术的应用可以促进风电和光伏的发展,随着储能配置比例的提高,风电和光伏的装机容量也逐渐增加。当风电和光伏项目的储能配置比例为 5% 时,风电和光伏的装机容量分别为 2194 吉瓦和 3262 吉瓦,而当储能配置比例提高至 25% 时,风电和光伏的装机容量也相应增加到 2754 吉瓦和 4115 吉瓦。比较来看,储能配置比例提高了 20 个百分点,风电和光伏的装机容量则分别增加了 25.5%和 26.1%，装机容量得到了显著提升。由此可知，在保障电能供给安全的前提下，提升储能的配置比例可以支持风电和光伏的大规模投建，加快电力系统的清洁低碳转型。

三种发展情景下 2060 年我国的发电量结构如图 6-5 所示。在基准情景下，煤电 CCS、水电、核电、风电和光伏的发电量占比分别为 19.4%、12.3%、23.4%、23.1%和 21.8%，风电与光伏的合计发电量占全国总发电量的比重不到二分之一。在适度情景和积极情景下，风电和光伏的发电量有了显著增加，在全国总发电量中的比重分别提升至 63.9%和 73.4%。在储能系统的支持下，风电和光伏在发电高峰期的能量得到储存，在风光电力供给的低谷期被释放出来，使得风电和光伏的利用时间明显上升，减少了弃风和弃光现象的发生，从而提高了风电和光伏的发电量。

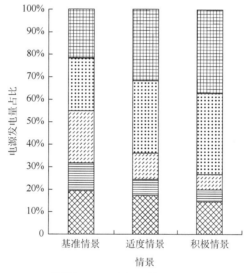

图 6-5 不同情景下 2060 年我国的发电量结构

为探究储能对发电量结构的影响，接下来对储能的配置比例进行敏感性分析，具体结果如图 6-6 所示。根据图 6-6 可以看出，随着储能配置比例的增加，风电和光伏的发电量占比也逐渐提高。当新建风光项目的储能配置比例在 15%以下时，我国电力系统需要超过20%的煤电 CCS 发电量作为风光发电供应不足时的补充电量，以确保电能的稳定供应。当储能的配置比例提高时，储能可以作为一种有效的储备电源，代替煤电，起到支撑新能源作为发电主力的作用。一方面，风电和光伏的发电功率曲线与电力需求曲线存在较大差异，且双方均存在一定的波动性，当供需不匹配时往往会出现弃电现象或断电风险,储能的迁移能力能够有效解决电能供给和电力需求的错配问题,从而增强系统的稳定性。例如,当遇到夜间或者阴雨天的情况,风电和光伏无法正常运行,储能的备用能量可以起到电能供应的过渡作用,当储能的配置比例越高时储能的备用容量就越大。因此,配置储能能够延长风电和光伏的利用小时数,减少风能和太阳能的波动性对发电的干扰,增强电力输出的连续性和稳定性,提高电能供应的可靠性。

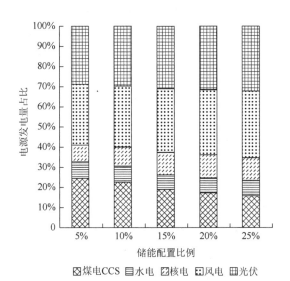

图 6-6　储能配置比例对电源发电量结构的敏感性分析

　　大力发展清洁能源发电技术是实现电力系统低碳转型的必然选择,需要提高风光发电的总体装机规模,实现对燃煤发电和燃气发电的清洁替代。在这个过程中需要兼顾安全与发展,从优化电力系统结构布局、加大技术创新研发力度、加强新能源政策支持力度等方面加强电能供应保障性支撑体系建设。

　　首先,要充分发挥各类电源的互补替代优势,建设多元协同的电能供给体系,支持高比例风光发电。对传统的燃煤发电、天然气发电、水力发电、核能发电的规模和结构进行有序安排和布局,充分利用其互补特性平滑风电和光伏电力输出的波动性,提高电能供应的稳定性和可靠性。

　　其次,要加大对风光发电核心技术研发的支持,依托技术创新提升高比例风光发电的可靠性和安全性。大力发展压缩空气储能、液流储能、热储能和氢储能等新型储能技术,建立完善的电能存储体系,保证风光发电的稳定供应;强化智能电网技术,实时检测和控制电力的产生、传输和使用,提升电力系统的灵活性;加大对新能源功率预测技术的研发,通过对风能和光能的气象数据进行分析和建模，提高对风光电力供应预测的准确性，加强源荷互动，提升新能源的发电效率。

最后，国家要加强对风电、光伏以及相关能源技术的政策支持力度，并制定相应的风光项目安全标准，保障风电和光伏的安全发展。扩大风光在电源结构中的比重，加强政府的支持和资金投入，并进一步加大风电和光伏的研发与大规模应用，使风光建设成本降低。此外，要对新建的风电和光伏项目制定相关的安全标准，加强风光发电设备的检测、运行和维护管理，确保设施在不同的天气和环境条件下能够正常运行。

2. 碳排放分析

三种发展情景下中国电力行业的二氧化碳排放路径如图 6-7 所示。

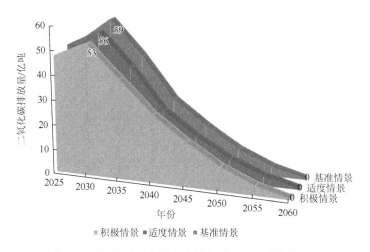

图 6-7　不同情景下中国电力行业的二氧化碳排放路径

根据图 6-7 可知，在三种情景下，中国电力行业的二氧化碳排放量均在 2030 年达到了峰值，在 2060 年实现了净零排放。在基准情景下，2030 年电力行业的二氧化碳排放峰值为 59 亿吨，2025～2060 年电力部门的二氧化排放总量为 946 亿吨。在适度情景下，2030 年电力行业的二氧化碳排放峰值为 56 亿吨，2025～2060 年电力部门的二氧化碳排放总量为 911 亿吨。在积极情景下，2030 年电力行业的二氧化碳排放的峰值为 53 亿吨，2025～2060 年电力部门的二氧化碳排放总量为 897 亿吨。

在三种政策情景中，基准情景的二氧化碳排放量峰值最高，适度情景次之，积极情景最少，这表明加大风电和光伏的投建力度能够加速电力系统的低碳转型。从碳排放总量来看，积极情景下电力部门的二氧化碳排放总量比基准情景减少了

49 亿吨，由于政策目标的推动，积极情景前期的风电和光伏投建量远远大于基准情景，加速了煤电机组的提前退役，减少了因燃煤发电产生的碳排放。从电力行业碳减排路径来看，基准情景下二氧化碳的减排路径较为陡峭，而随着风电和光伏目标投建量的提高，二氧化碳的减排路径逐渐趋缓，电力部门碳减排的压力也更低。

　　为了探究储能对电力行业碳排放量的影响，接下来以适度情景为例，对储能配置比例进行敏感性分析，具体结果如图 6-8 所示。

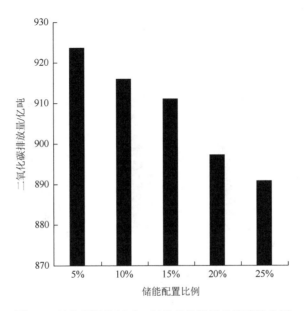

图 6-8　储能配置比例对二氧化碳排放量的敏感性分析

　　根据图 6-8 可以看出，储能的配置比例与二氧化碳排放量存在着明显的负相关关系。随着储能配置比例的提高，电力部门的二氧化碳排放量显著减少。当储能配置比例为 5%时，电力部门二氧化碳排放量为 923 亿吨，当储能配置比例提升至 25%时，电力部门二氧化碳排放量为 891 亿吨，减少了 3.5%。

3. 投资成本分析

　　三种发展情景下中国的电力总投资成本如图 6-9 所示。在基准情景下，电力部门的总投资成本为 29.58 万亿元，其中风电和光伏的投资成本分别为 6.66 万亿元和 6.14 万亿元。在适度情景下，电力部门的总投资成本为 32.45 万亿元，风电和光伏的投资成本分别为 10.84 万亿元和 9.91 万亿元。在积极情景下，电力部门的总投资成本为 39.49 万亿元，风电和光伏的投资成本分别为 15.00 万亿元和 15.57 万亿元。与基准情景相比，适度情景和积极情景下电力部门的总投资成本分别增加了 9.7%和 33.5%。

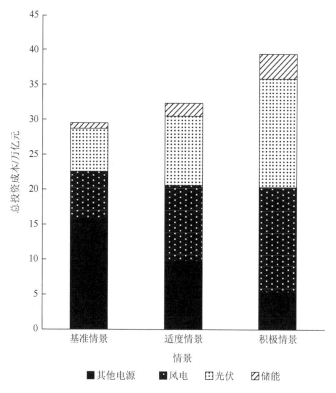

图 6-9   不同情景下中国的电力总投资成本

　　从总投资成本增加的结构来看，从基准情景到积极情景，随着政策支持力度的加大，新增投资成本的主要领域为风电、光伏及储能的投建。在适度情景和积极情景下，对于风电和光伏的投资显著增加，在这两种情景下，新建风电和光伏的合计投资分别占总投资成本的 64%和 77%。可见，在积极发展可再生能源的目标下，风电和光伏领域将成为电力投资的主要构成部分，年均新增投资将维持在较高水平，因此需要加大研发力度，使风电和光伏在未来的投资成本降低。

6.2.3   "风光 + 储"投建路径规划方案评价选择

　　6.2.2 节对基准情景、适度情景和积极情景这三种可行的"风光 + 储"投建路径规划方案的电源结构、碳排放、投资成本等各项指标进行了综合分析，但没有一种规划方案能够在各种指标上均达到最优,因此需要对三种规划方案进行多目标协同的评估决策。为了兼顾经济、低碳与安全的原则,系统科学地评价三种情景下的投建规划方案,本节建立了综合考虑经济性、环保性和可靠性的评价指标体系,具体包含投资成本、二氧化碳排放量和电能不足期望值的定量评价指标,如表 6-4 所示。

表 6-4　"风光 + 储"投建规划方案的综合评价指标体系

一级指标（准则层）	经济性	环保性	可靠性
二级指标（指标层）	投资成本	二氧化碳排放量	电能不足期望值

客观评价方法能够准确衡量各个备选方案的优劣情况,熵权 TOPSIS 是目前应用最广泛的客观评价方法,该评价方法是基于对各个指标进行客观权重分配,计算各个评价方案与理想点的相对接近度,从而对不同方案进行优劣度排序和比较决策,能够有效避免人为因素对决策结果的干扰,具有计算简便、对数据要求低等优点。因此,本书采用熵权 TOPSIS 对三种情景下"风光 + 储"投建规划方案进行综合评价,具体评价步骤如下。

1. 评价指标值标准化处理

本节选取的投资成本、二氧化碳排放量和电能不足期望值三个指标均为逆向指标,即指标值越小表示方案越优,在对不同类型的指标属性进行综合评价时,必须首先对原始指标数据进行标准化变换,从而消除计量单位和维度的影响。逆向指标的标准化处理公式为

$$f_{ij}' = \frac{\max\limits_{1\leqslant j\leqslant y}\{f_j\} - f_{ij}}{\max\limits_{1\leqslant j\leqslant y}\{f_j\} - \min\limits_{1\leqslant j\leqslant y}\{f_j\}}, \quad i = 1,2,\cdots,x \tag{6-1}$$

其中, f_{ij}' 为标准化后的指标值; f_{ij} 为第 i 个方案的第 j 个指标值; x 为待评价方案个数; y 为评价指标个数。

2. 计算各评价指标的熵值与权重

依据文献[9],评价指标的熵值计算公式如式(6-2)～式(6-3)所示:

$$e_j = -\frac{1}{\ln x}\sum_{i=1}^{x} v_{ij}\ln v_{ij} \tag{6-2}$$

$$v_{ij} = f_{ij}' \bigg/ \sum_{j=1}^{y} f_{ij}' \tag{6-3}$$

其中，e_j 为第 j 个指标的熵值；v_{ij} 为第 i 个方案中第 j 个指标的特征比重。

依据熵值可以计算各个评价指标的权重，即

$$\omega_j = \left(1 - e_j\right) \bigg/ \left(y - \sum_{j=1}^{y} e_j\right) \tag{6-4}$$

3. 构建加权决策矩阵

依据标准化数据的加权法则，加权决策值的计算公式为各项标准化处理后的指标值乘以相应的指标权重，即

$$z_{ij} = \omega_{ij} f_{ij}' \tag{6-5}$$

4. 确定正、负理想点

$$z^+ = \left(z_1^+, z_2^+, \cdots, z_y^+\right) \tag{6-6}$$

$$z^- = \left(z_1^-, z_2^-, \cdots, z_y^-\right) \tag{6-7}$$

其中，z^+ 为评价方案的正理想点；z^- 为评价方案的负理想点；z_y^+ 为第 y 个指标的最大值；z_y^- 为第 y 个指标的最小值。

5. 计算与理想点的欧几里得距离

$$d_i^+ = \sqrt{\sum_{j=1}^{y} \left(z_j^+ - z_{ij}\right)^2} \tag{6-8}$$

$$d_i^- = \sqrt{\sum_{j=1}^{y} \left(z_{ij} - z_j^-\right)^2} \tag{6-9}$$

其中，d_i^+ 为方案 i 与正理想解的欧几里得距离，值越小，方案越优；d_i^- 为方案 i 与负理想解的欧几里得距离，值越大，方案越优。

6. 计算相对接近度

依据文献[9]，方案 i 与理想点的相对接近度的计算公式为

$$s_i = \frac{d_i^-}{d_i^- + d_i^+} \tag{6-10}$$

其中，s_i 的值与方案优劣程度成正比，s_i 值最大的方案为最优方案。

三种情景下投资成本、二氧化碳排放量和电能不足期望值的属性值如表 6-5 所示，依据式(6-2)~式(6-4)计算的各指标的熵值和权重如表 6-6 所示。

表 6-5　三种情景下评价指标的属性值

情景	投资成本/亿万元	二氧化碳排放量/亿吨	电能不足期望值/兆瓦
基准情景	29.58	946	435 670
适度情景	32.45	911	291 006
积极情景	39.49	897	358 630

表 6-6　三种情景下评价指标的熵值和权重

项目	投资成本	二氧化碳排放量	电能不足期望值
熵值	0.6468	0.6471	0.6205
权重	32.54%	32.51%	34.96%

注：因数据修约所致，权重加总不为 100%

依据式(6-5)～式(6-10)，可以计算出各情景方案与理想点距离的相对接近度，评价结果如表 6-7 所示。在三种规划方案的评价结果中，适度情景下的"风光 + 储"投建路径是最优的，不仅可以在大规模发展风电和光伏的同时，满足规划期内"双碳"目标下的碳排放要求，而且能够更经济地保证更高的电能供给可靠度，是兼顾低碳、经济与安全的最优决策方案。

表 6-7　熵权 TOPSIS 评价计算结果

方案	正理想解距离	负理想解距离	相对接近度	排序结果
基准情景	0.477	0.325	0.405	3
适度情景	0.132	0.479	0.784	1
积极情景	0.364	0.375	0.507	2

我国风电、光伏和储能项目的投资主体是发电企业，国家宏观层面的规划方案能否落实，需要充分考虑微观主体的投资建设承载能力，并为其提供鼓励和支撑条件，才能保障国家政策目标的实现。

6.2.4　"风光 + 储"投建支撑条件及策略

风电、光伏和储能在推进碳中和进程中发挥着不可替代的重要作用，为实现"双碳"目标，需要积极推动风光储一体化发展。我国出台了一系列政策文件和措施，促进风力和光伏发电的应用与普及，同时逐步加大对储能技术的支持力度，鼓励发展风光储一体化。《国家发展改革委 国家能源局关于加快推动新型储能发展的指导意见》中提出，大力推进电源侧储能项目建设。结合系统实际需求，布局一批配置储能的系统友好型新能源电站项目，通过储能协同优化运行保障新能源高效消纳利用，为电力系统提供容量支撑及一定调峰能力。探索利用退役火电机组的既有厂址和输变电设施建设储能或风光储设施。积极推动电网侧储能合理化布局。在电网末端及偏远地区，建设电网侧储能或风光储电站，提高电网供电能力。健全"新能源＋储能"项目激励机制。此后，各地政府和企业纷纷响应政策号召，积极开展风光储一体化项目投资与建设，成效显著。

根据国际能源网的统计数据，2022 年我国共签约/规划 83 个风光储一体化项目，建设规模共计 192 吉瓦，投资金额共计达到了 6633 亿元。在已经签约的风光储一体化建设项目中，国企的签约数量、规模和金额占据了主要部分，2022 年国企共签约风光储一体化项目 71 个，项目建设的总规模超过了 110 吉瓦，投资金额总计超过 5300 亿元。其中，贡献最大的为中国能源建设股份有限公司（以下简称中国能建），累计签约风光储一体化项目规模接近 30 吉瓦；北京能源集团有限责任公司（以下简称京能集团）和国家电力投资集团有限公司（以下简称国家电投）分别以 16.500 吉瓦和 10.780 吉瓦的项目规模位列第二和第三位。此外，风光储一体化项目建设规模排名前十的国企还包括国家能源投资集团有限责任公司（以下简称国家能源）、山西国际能源集团有限公司（以下简称山西国际）、中国华能集团有限公司（以下简称中国华能）、中国电力建设集团有限公司（以下简称中国电建）等，如图 6-10 所示。

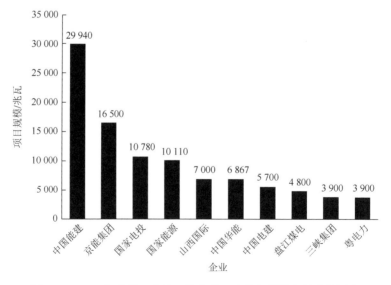

图 6-10　2022 年我国风光储一体化项目建设规模排名前十的国企

盘江煤电即贵州盘江煤电集团有限责任公司，三峡集团即中国长江三峡集团有限公司，粤电力即广东电力发展股份有限公司除国企外,其他企业的风光储一体化项目的建设能力相对不足,其项目数量、规模和金额都较少,其中有 8 个风光储一体化项目,规模为 12 吉瓦,投资金额不足 300 亿元。其中,仅有两家企业签约的风光储一体化项目累计规模超过 1 吉瓦,贡献度最高的是中核华原钛白股份有限公司,项目规模为 9 吉瓦,占所有民营企业风光储一体化项目建设总规模的三分之二。

按照各地区的风光储一体化项目建设情况,我国当前风光储一体化建设项目覆盖的区域十分广泛,共有 22 个省份都参与了投资建设和规划布局。从项目的建设规模来看,2022 年建设的风光储一体化项目主要集中在我国的华北地区和西北地区,其中内蒙古和甘肃承担了主要部分,项目规模总和分别为 53.436 吉瓦和47.307 吉瓦,占据了全国总建设规模的一半以上。此外,东北地区的黑龙江和辽宁、华北地区的山西、西南地区的贵州和云南、西北地区的新疆,华南地区的广东和华东地区的江苏的风光储一体化项目建设规模均达到了 1 吉瓦以上,在全国各省份中位列前十,如图 6-11 所示。

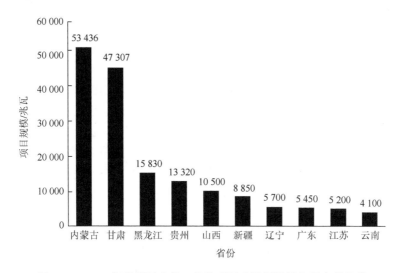

图 6-11　2022 年我国风光储一体化项目建设规模排名前十的省份

依据适度情景下的"风光 + 储"投建规划方案,到 2060 年我国投建的风电、光伏和储能规模可以达到 7076 吉瓦,所需的投资金额为 22.64 万亿元。按照 2022 年我国发电企业对于风光储一体化项目的开发力度和建设能力进行计算推演,仍需36 年(即 2058 年前后)才能够完成投建规划目标。然而,企业的承载能力是具有一定限度的,难以持续保持较高的投资强度,依据适度情景下的风电及光伏的投建路径,我国总体上风光的投建速度也呈现出由高速转向低速的发展趋势。此外,公开数据显示,2023 年第一季度我国规划的风光储一体化项目共有 21 个,总体规模为 22.1 吉瓦，投资金额为 1812.17 亿元，而 2022 年第一季度我国规划的风光储一体化项目共有 29 个，总体规模为 69.3 吉瓦，投资金额为 1889.42 亿元。与 2022 年同期相比，2023 年我国发电企业规划的风光储项目数量、总体规模和投资金额均有下降。因此，要保障发电企业主体跟进投资，确保落实"双碳"目标下"风光＋储"的投建规划，需要国家政策在多方面给予支持。

首先，从我国风光储一体化项目投资成本来看，当前储能的投资成本仍然较高，强制要求风光发电站配置较高的储能比例，对于电力投资企业来说不具备经济性。按照当前最普遍的锂电池储能技术计算，储能设备的单位建设成本为每瓦 1.8 元。假设建设一个光伏发电站，建设规模为 10 兆瓦，以光伏发电站的平均成本计算，所需的投资建设成本为 4200 万元，按照光伏建设规模 20% 的比例配置储能，则需要增加储能的投资建设成本为 360 万元。根据锂电池储能特性，在其使用周期内可循环次数为 3500 次，则储能的度电成本达到了每度 0.6 元，然而当前电力市场上光伏的上网电价仅为每度 0.4 元左右。这意味着在当前市场环境下，如果一刀切地要求发电企业强制为光伏发电项目配置高比例的储能设备，企业有可能无法从项目投资中获益，甚至还需要承担一定亏损的风险。在这样的背景下，需要加大对储能的研发力度，进行技术革新和商业模式创新，实现储能的降本增效，这样才能保证风光储一体化项目投建的经济性。

其次，从我国风光储一体化项目的所在地区来看，当前项目建设地主要集中在内蒙古以及甘肃等北部及西部地区，我国东部地区的建设力度不足。依据中国气象局风能太阳能中心编制的《2022 年中国风能太阳能资源年景公报》，我国风能资源最丰富的地区为东南沿海及其岛屿，其次才是内蒙古及甘肃北部。因此，在投资建设大型风光储一体化基地的同时，也要注重中东部地区的分布式电源和海上风电的布局，坚持集中式与分布式并重的发展方式，减少未来中东部省份对跨区域输电的依赖性。

最后，从我国风光储一体化的投建主体来看，国企占据了主要部分，发挥了其自身的资金、技术和产业优势，起到了示范引领作用，但 2022 年除国企外的其他发电企业的规划建设规模仅占总规模的 6.3%，跟进投资力度不足。其主要原因是我国当前的风光储一体化项目投资成本与技术要求较高，民营的中小发电企业自身技术薄弱、资金短缺，不足以支撑大规模的项目建设，因此，国家应当推出对于风电光伏的开发以及新能源配储的补贴和激励政策，对于风光储一体化项目给予一定的资金支持，为发电企业的持续跟进注入动力，同时引导不同社会主体参与储能投资建设，缓解发电企业配置储能的压力。具体建议如下：

（1）加强储能的技术革新与模式创新，实现储能技术规模化发展和多场景应用。保障电能供给安全是大规模建设风电和光伏发电的基本前提，为解决风光出力的不稳定性和波动性问题，必须坚持储能与风光发电协同运行，实现新能源的稳定供应和有效利用,平衡电网负荷,提高电力系统的稳定性和可靠性。在这样的背景下,为了更好地将风力发电、光伏发电与储能技术结合起来,需要协调发展多种新型储能技术,发挥其独特优势,实现新型储能的规模化和多场景应用,降低风光配储的成本。

(2)在新型储能的技术研发方面,提高我国自主研发能力,针对电化学储能技术,重点开展对增大容量、降低成本、延长使用寿命方面的研发,发展液流电池、新型锂离子电池等多元关键技术,进一步开发容量大、成本低、安全性高、易回收的储能电池。对于超级电容器等功率型储能技术,在主要材料和关键储能器件方面加强研发,降低建设成本。在氢储能技术研发方面,加强质子交换膜电解水制氢技术的研发,大力推广绿氢在循环发电、热电联产、燃料合成和交通运输等领域的规模化应用,降低成本。

(3)在储能的应用场景方面,鼓励和促进储能技术在发电侧、电网侧和用电侧的多元化应用,并积极探索储能运营的新场景、新业态,如微电网、共享储能等。在用户侧,分布式储能可以提高局部微电网的独立运行能力,同时为电源和电网侧配储分担压力。共享储能商业模式有助于减少发电企业新能源发电项目配备大规模储能的投建成本,增加储能设备制造商投资建设储能装置的收益;同时有助于提升电网应对新能源发电不稳定性的能力,从而提升储能产业发展的经济效益和社会效益。

(4)强化区域清洁安全高效发电的核心技术,推广重大装备创新应用。随着风电和光伏的大规模发展,我国电能供应体系的结构发生了重大改变,电力系统面临着灵活性、可靠性、安全性等诸多挑战。在这样的背景下,攻克清洁安全高效的核心发电技术以及加大重大装备的应用创新是关键。

(5)在安全高效的发电技术研发领域,要加快推进深海和远海领域的海上风电开发,同时加强我国大型海上风电机组的自主创新能力,通过技术创新实现产业的规模化应用,充分发挥东部地区资源优势。加大煤电清洁化发电技术的应用,提高煤电的发电效率、降低碳排放,采用燃煤电机超临界二氧化碳发电技术、燃气联合循环等技术实现煤电清洁化发展,降低煤电碳捕集技术装备成本,实现规模化应用,促进依赖燃煤发电地区的清洁转型。在电网友好型的输电支撑技术方面,研发可支持未来高比例波动性新能源并网的输电技术,加强区域间资源互补,避免因电源故障造成的大面积连锁停电事故。

(6)加大财政补贴力度,鼓励不同社会主体参与风光储投资建设。"双碳"目标的实现是一项复杂而又艰巨的长期任务,是系统性的社会经济变革,需要全社会不同主体的共同参与,电力供给结构的低碳转型升级同样也需要不同环节电力投资主体的支持与配合,国家需要充分调动和提高其投资积极性。政府可以采取加大财政补贴力度、给予税收优惠减免、提供资金融资支持、推出市场激励政策等方式，来引导社会资本对风光储投资建设的支持。

（7）除了建设规模庞大、耗资巨大的风光储一体化发电项目和大型能源基地工程，发电企业、社会组织和居民用户可以通过投资建设小型储能装置以及分布式发电系统来支持电力系统的低碳转型和"风光＋储"模式的健康发展。例如，工业企业园区可以建设小型的综合能源系统、居民用户可以安装家庭分布式光储系统、社会可以推动新能源电动汽车和节能电器的使用与普及。鼓励社会各个主体积极参与到投资规模小、分布范围广、减排效果显著的储能投资活动中，可以有效缓解当前发电企业配储的压力，增强电力平衡的调节能力，提高供能质量和能源效率。

第三篇　考虑投建共享储能的综合能源系统多主体运行优化研究

第7章 综合能源系统及双层规划模型

综合能源系统由电、热、气等多种能源耦合而成，相比于传统能源系统具有更多的能量转换装置和储能设备，能量流动关系和各主体关系更加复杂。本章首先对综合能源系统的结构和机理进行阐述和分析，研究综合能源系统各主体相关设备的物理特性和耦合关系，介绍共享储能策略；其次建立综合能源系统各主体的收益模型；最后基于双层规划理论和综合能源系统各主体关系提出综合能源系统双层规划模型，为后续的运行优化分析奠定基础。

7.1 综合能源系统结构及机理分析

综合能源系统大致分为跨区域级、区域级以及园区级，本章主要研究园区级。园区级综合能源系统集能量生产、转换、传递、利用、存储等环节于一体，包含热电联产设备、电锅炉、燃气锅炉、燃气轮机等多种设备和灵活性负荷。园区级综合能源系统能够优化能源供给结构，集成电、热、气等多种能源，满足社区内用户的多种用能需求。图 7-1 为本章所提出的综合能源系统场景机理图。

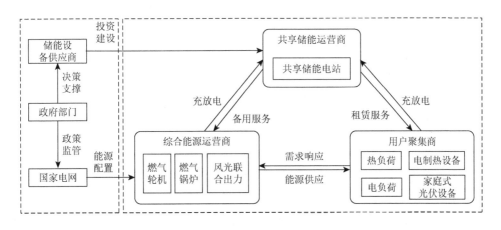

图 7-1 综合能源系统场景机理图

从图 7-1 中可以看出，综合能源系统内的主体包括综合能源运营商、用户聚集商和共享储能运营商，根据负荷需求和能源分布情况共同维持系统供需平衡。

系统内涵盖燃气轮机、燃气锅炉、家庭式光伏设备、电制热设备、共享储能电站等设备。共享储能电站为用户聚集商提供租赁服务，为综合能源运营商提供备用服务，共享储能电站通过与综合能源运营商和用户聚集商之间的能量交换实现综合能源系统的实时供需平衡。

储能设备供应商具有得天独厚的设备优势和技术优势，投资建设共享储能电站有助于实现储能从投资建设到运营的一体化，储能设备供应商一方面可以作为独立的市场主体参与社会服务，另一方面可以作为共享储能运营商获得盈利。综合能源运营商供电受到国家电网的能源配置支持，当综合能源运营商供电不足时，可以向电网购电进行补充。政府部门为储能设备供应商的投资建设提供决策支撑，对国家电网的能源配置以及综合能源系统的运行进行政策监管。

作为综合能源系统的管理者和需求侧之间的桥梁，综合能源运营商通过预测用户的负荷需求，制定自身的能源调度策略和能源销售价格，刺激用户侧响应，通过与用户侧和储能侧的动态交互，得出最终的运行策略并获取相应收益。综合能源运营商以风光作为主力发电能源，还拥有燃气轮机、燃气锅炉等设备。风电和光伏设备产生电能，燃气轮机作为热电联产耦合设备，燃烧天然气产生电能、热能；燃气锅炉消耗天然气，产生热能，三者共同满足用户的电热需求。综合能源运营商使用共享储能运营商提供的备用服务进行充放电，来缓解风光能源出力的波动性问题，同时，在电能供应不足时向国家电网购买电能进行补充。综合能源运营商突破技术壁垒，实现了多能源之间的耦合转换和互联互通，使整个系统高效运行。

用户聚集商包含园区内不同类型的用户，由于行为习惯和自然环境等因素，不同类型用户负荷不同，本章将用户等效为一体，集成为用户聚集商的电需求和热需求，并且根据用户负荷是否参与优化运行将负荷分为固定负荷和柔性负荷。固定负荷是指用户因固定的生产生活习惯等行为产生的负荷，在综合能源系统场景下，本章对这部分负荷进行了预先估计，因此其不参与优化调度。柔性负荷是指用户在生产生活中产生的可以改变的负荷，常见于洗碗机、洗衣机等可以在非固定时段使用的设备。用户对柔性负荷更加注重使用效果，并非严格要求使用，因此柔性负荷参与运行优化调度，可以进行调整，因此可以改变用户负荷情况。用户聚集商还配有电制热设备（补充热负荷需求）和家庭式光伏设备（补充电负荷需求），家庭式光伏设备具有微型、布置方便、成本低等特点。用户聚集商通过优化向综合能源运营商的购能策略和向共享储能运营商的充放电策略，实现灵活调整用能需求，从而最大化自身收益。

共享储能运营商为第三方投资商，也可以是合作投资商或者零散用户个体等，投建并运营共享储能电站，为综合能源系统中的综合能源运营商和用户聚集商提供储能服务，通过收取用户聚集商的租赁服务费和综合能源运营商的备用服务费获取收益。由于抽水蓄能和压缩空气储能受地理条件影响大，建设难度高，建设周期长，投资成本回收困难，社会投资意愿较低；而锂离子电池储能性能好，能量密度高、充放电快，产业链完善，具备规模化商业化发展条件，因此 90% 以上的共享储能示范项目采用锂离子电池储能技术。共享储能运营商通过互联网技术和通信手段搭建共享平台，在能源充足时存储电能，在能源紧张时释放电能，一方面可以平抑综合能源运营商风光资源的波动性，保障电能供给安全，另一方面使用户侧可以灵活调整负荷需求，提高用户聚集商的用能体验。与之前市场中的储能服务相比，综合能源系统中的共享储能有以下几个特点。

（1）共享储能由第三方投资商承担投建和运营费用，其他主体不用购买储能的相关设备，只需按照用能规划向共享储能运营商购买储能使用权。当前市场储能成本较高，有储能需求的用户或者企业自建储能的容量较小，导致储能应用存在困难，共享储能可以集成并统一受理用户聚集商和综合能源运营商的储能需求，在满足需求的同时降低了其他主体的配储成本；而对于共享储能运营商而言，其利用规模效应降低了自身的边际成本。

（2）共享储能运营商不仅为综合能源系统中的用户聚集商提供租赁服务，同时也为综合能源运营商提供备用服务，在同一时刻用户聚集商和综合能源运营商均在进行电能的充放电，综合能源运营商和用户聚集商的储能需求不同，为了不扰乱市场机制和价格制定，共享储能的备用服务充放电和租赁服务充放电行为不互通。在这种场景下，二者各自进行优化调度，合理安排充放电行为。

（3）一个合理投建的共享储能电站是综合能源系统共享机制成功的关键，共享储能电站的投建需要考虑规模问题和定价问题，即共享储能电站的额定容量和额定功率是否满足综合能源运营商和用户聚集商的需求，以及综合能源运营商和用户聚集商购买共享储能服务所支付的费用是否满足预期。虽然共享储能可以降低综合能源运营商和用户聚集商的配储成本支出，但是服务费上升会降低其参与共享储能的积极性，甚至会使其不再愿意使用共享储能。定价对于其他主体来说是敏感因素，因此本章将分析额定容量和额定功率变化对于综合能源运营商、用户聚集商和共享储能运营商收益的影响，同时分析共享储能服务费变化对于共享储能收益的影响。

从市场层面来看，综合能源运营商根据日前电网分时电价和对用户负荷的预测给出售电、售热价，并获取售能收益。用户聚集商根据综合能源运营商的售电价、售热价以及共享储能租赁服务费，调整自身用能策略。共享储能运营商主要为用户聚集商和综合能源运营商提供储能服务，根据二者的充放电策略收取相应费用，一方面可以缓解风光能源发电波动性和不稳定性，另一方面可以提高用户的用能灵活性。其中，共享储能运营商所制定的服务费决定了其他主体使用储能服务的积极性。

综合能源系统对多种能源科学调度、协调优化，提高了能源利用效率和可持续利用性，保障了能源供给安全，随着综合能源系统中多元主体的不断加入，共享储能商业模式开拓了综合能源服务新模式，有利于综合能源系统形成可推广、可复制的模式，实现社会效益、生态效益和经济效益的有机统一。

7.2　综合能源系统各主体建模

7.2.1　共享储能运营商收益模型

1. 目标函数

共享储能运营商的净收益（收益-成本）主要涉及三个方面：用户聚集商使用共享储能需要缴纳的租赁服务费 F_1；综合能源运营商使用共享储能需要缴纳的备用服务费 F_2；共享储能电站每日的投建成本折旧和运行维护成本（以下简称投建运维成本）F_3。因此，共享储能运营商的净收益 F 可以表示为

$$F = F_1 + F_2 - F_3 \tag{7-1}$$

本节以天为单位研究综合能源系统，设一天可分为 T 个时间段，一天有 24 个小时，即 $T = 24$，一天中用户缴纳的租赁服务费 F_1 可以表示为

$$F_1 = \sum_{t=1}^{T} \lambda_p \left(P_c^{(t)} + P_d^{(t)} \right) \Delta t \tag{7-2}$$

其中，Δt 为研究时段，单位为时；$P_c^{(t)}$ 为用户聚集商在 t 时段使用共享储能的充电功率；$P_d^{(t)}$ 为用户聚集商在 t 时段使用共享储能的放电功率；λ_p 为用户聚集商使用共享储能单位充放电量需要缴纳的服务费。

一天中综合能源运营商需要缴纳的备用服务费 F_2 可以表示为

$$F_2 = \sum_{t=1}^{T} \lambda_{ie} \left(R_c^{(t)} + R_d^{(t)} \right) \Delta t \tag{7-3}$$

其中，$R_c^{(t)}$ 为综合能源运营商在 t 时段使用共享储能的充电功率；$R_d^{(t)}$ 为综合能源运营商在 t 时段使用共享储能的放电功率；λ_{ie} 为综合能源运营商使用共享储能单位充放电量需要缴纳的备用服务费。

共享储能的日均投建运维成本 F_3 可以表示为

$$F_3 = \frac{c_r}{365} \left(c_E E_{\text{SES}}^{\text{rated}} + c_P P_{\text{SES}}^{\text{rated}} \right) + M_{\text{SES}} P_{\text{SES}}^{\text{rated}} \tag{7-4}$$

$$c_r = \frac{r(1+r)^l}{(1+r)^l - 1} \tag{7-5}$$

其中，c_E 和 c_P 分别为共享储能电站的容量成本和功率成本；$E_{\text{SES}}^{\text{rated}}$ 和 $P_{\text{SES}}^{\text{rated}}$ 分别为

共享储能电站投建的额定容量和额定功率；c_r 为投资成本的等年值系数；M_{SES} 为共享储能电站单位功率的每日运行维护成本；r 为资金年利率；l 为共享储能电站的使用寿命。

综上，共享储能运营商的目标函数为一天内净收益 F 最大，可以表示为

$$\max F = F_1 + F_2 - F_3 = \sum_{t=1}^{T} \lambda_p \left(P_c^{(t)} + P_d^{(t)} \right) \Delta t + \sum_{t=1}^{T} \lambda_{ie} \left(R_c^{(t)} + R_d^{(t)} \right) \Delta t \\ - \frac{c_r}{365} \left(c_E E_{SES}^{rated} + c_P P_{SES}^{rated} \right) - M_{SES} P_{SES}^{rated} \tag{7-6}$$

2. 约束条件

（1）容量关系约束：用户聚集商和综合能源运营商使用共享储能都需要满足储能容量关系约束，即某一个时间段的储能容量等于前一时间段的容量加上存储容量，再减去取用容量。具体如式(7-7)和式(7-8)所示：

$$S_{P,SES}^{t+1} = S_{P,SES}^{t} + \left(\eta_c P_c^{(t)} - \frac{P_d^{(t)}}{\eta_d} \right) \Delta t \tag{7-7}$$

$$S_{R,SES}^{t+1} = S_{R,SES}^{t} + \left(\eta_c R_c^{(t)} - \frac{R_d^{(t)}}{\eta_d} \right) \Delta t \tag{7-8}$$

其中，$S_{P,SES}^{t}$ 和 $S_{P,SES}^{t+1}$ 分别为用户聚集商在 t 和 $t+1$ 时段使用共享储能电站的容量；$S_{R,SES}^{t}$ 和 $S_{R,SES}^{t+1}$ 分别为综合能源运营商在 t 和 $t+1$ 时段使用共享储能电站的容量；η_c 和 η_d 分别为共享储能电站的充电效率和放电效率。

（2）容量守恒约束：为了保证共享储能电站的使用寿命，使其能够持续提供储能服务，共享储能在一个调度周期内的充放电量应该相等，即一天结束时共享储能的存储剩余容量等于初始容量[10]。具体如式(7-9)和式(7-10)所示：

$$\sum_{t=1}^{T} \eta_c P_c^{(t)} \Delta t - \sum_{t=1}^{T} \frac{P_d^{(t)}}{\eta_d} \Delta t = 0 \tag{7-9}$$

$$\sum_{t=1}^{T} \eta_c R_c^{(t)} \Delta t - \sum_{t=1}^{T} \frac{R_d^{(t)}}{\eta_d} \Delta t = 0 \tag{7-10}$$

（3）容量大小约束：为了保证共享储能可以安全平稳运行，在一个调度周期内，共享储能电站在任一时间段的容量不能超过共享储能系统的容量极限，也不能低于共享储能的容量下限。综合能源运营商和用户聚集商按比例 ω 分配共享储能的额定容量，分别满足

$$\eta_P^{min} S_{P,SES} \leqslant S_{P,SES}^{t} \leqslant \eta_P^{max} S_{P,SES} \tag{7-11}$$

$$\eta_R^{min} S_{R,SES} \leqslant S_{R,SES}^{t} \leqslant \eta_R^{max} S_{R,SES} \tag{7-12}$$

$$S_{P,SES} + S_{R,SES} = E_{SES}^{rated} \tag{7-13}$$

$$S_{R,\text{SES}} = \omega E_{\text{SES}}^{\text{rated}} \tag{7-14}$$

其中，$S_{P,\text{SES}}$ 为共享储能电站分配给用户聚集商的最大存储容量；$S_{R,\text{SES}}$ 为共享储能电站分配给综合能源运营商使用的最大存储容量；ω 为共享储能电站分配给综合能源运营商最大存储容量占共享储能电站额定容量的比例；$\eta_P^{\min}$ 和 $\eta_P^{\max}$ 分别为用户聚集商使用共享储能电站容量的最小比例和最大比例；$\eta_R^{\min}$ 和 $\eta_R^{\max}$ 分别为综合能源运营商使用共享储能电站容量的最小比例和最大比例。

（4）充放电功率约束：除了容量约束之外，还需要考虑在任一时间段内，综合能源运营商的充放电功率和用户聚集商的充放电功率之和不能超过共享储能允许的功率上限，也就是共享储能的额定功率。

$$\left|\frac{S_{P,\text{SES}}^{t+1} - S_{P,\text{SES}}^{t}}{\Delta t}\right| + \left|\frac{S_{R,\text{SES}}^{t+1} - S_{R,\text{SES}}^{t}}{\Delta t}\right| \leqslant \eta_{cd} P_{\text{SES}}^{\text{rated}} \tag{7-15}$$

其中，$P_{\text{SES}}^{\text{rated}}$ 为共享储能电站投建的额定功率；η_{cd} 为共享储能电站最大充放电功率系数。

（5）总投资预算约束：为了更加经济地投建共享储能电站，考虑到共享储能电站的总投资成本和运行维护成本都是有限的，因此共享储能的投建需要满足

$$c_E E_{\text{SES}}^{\text{rated}} + c_P P_{\text{SES}}^{\text{rated}} + 365 M_{\text{SES}} P_{\text{SES}}^{\text{rated}} l \leqslant c_B \tag{7-16}$$

其中，c_B 为共享储能电站的总投资预算。

7.2.2 综合能源运营商收益模型

综合能源运营商以风光资源作为主力能源，同时燃气轮机和燃气锅炉消耗天然气向用户侧提供电能和热能。综合能源运营商的净收益（收益-成本）涉及售能收益、燃料成本、使用共享储能成本和向电网购电的成本等。

1. 目标函数

燃气轮机燃烧天然气发电，向用户侧供应电能，余热向用户侧供应热能，依据参考文献[11]，在一个调度周期内，燃气轮机产生的燃料成本 C_{MT} 为

$$C_{\text{MT}} = \sum_{t=1}^{T} \frac{C_g}{\eta_{\text{MT}} Q_L} P_{\text{MT}}^{(t)} \Delta t \tag{7-17}$$

其中，$P_{\text{MT}}^{(t)}$ 为燃气轮机的输出电功率；C_g 为天然气的价格；η_{MT} 为燃气轮机的气-电效率；Q_L 为天然气热值。

燃气锅炉以天然气作为燃料，污染少，制热效率更高，相比于传统燃料锅炉，燃气锅炉的经济性更好。燃气锅炉作为主要的供热设备，在一个调度周期内，燃气锅炉产生的燃料成本 C_{GL} 为

$$C_{GL} = \sum_{t=1}^{T} \frac{C_g}{\eta_{GL} Q_L} H_{GL}^{(t)} \Delta t \tag{7-18}$$

其中，$H_{GL}^{(t)}$ 为燃气锅炉输出热功率；η_{GL} 为燃气锅炉的气-热效率；Q_L 为天然气热值。

综合能源运营商使用共享储能充放电产生的备用服务费 C_{ESS}，即共享储能运营商的备用服务收益 F_2：

$$C_{ESS} = F_2 = \sum_{t=1}^{T} \lambda_{ie} \left(R_c^{(t)} + R_d^{(t)} \right) \Delta t \tag{7-19}$$

综合能源运营商在电能供应不足时，会向国家电网购买电能进行补充，产生的购能成本为

$$C_{grid} = \sum_{t=1}^{T} \gamma_{grid}^{(t)} P_{grid}^{(t)} \Delta t \tag{7-20}$$

其中，$P_{grid}^{(t)}$ 为 t 时间段综合能源运营商从国家电网购买的电功率；$\gamma_{grid}^{(t)}$ 为 t 时间段电网的售电价。

综合能源运营商的售能收益 C_{PRO} 即向用户聚集商售电和售热的收益，公式为

$$C_{PRO} = \sum_{t=1}^{T} \left(\alpha_{ie}^{(t)} \overline{L_p^{(t)}} + \beta_{ie}^{(t)} \overline{L_h^{(t)}} \right) \Delta t \tag{7-21}$$

其中，$\alpha_{ie}^{(t)}$ 为综合能源运营商 t 时间段的售电价；$\beta_{ie}^{(t)}$ 为综合能源运营商 t 时间段的售热价；$\overline{L_p^{(t)}}$ 为用户聚集商 t 时间段的净电负荷；$\overline{L_h^{(t)}}$ 为用户聚集商 t 时间段的净热负荷。

综合能源运营商的目标函数为一天内其收益 C_{IE} 最大，可以表示为

$$
\begin{aligned}
\max C_{IE} &= C_{PRO} - C_{MT} - C_{GL} - C_{ESS} - C_{grid} \\
&= \sum_{t=1}^{T} \left(\alpha_{ie}^{(t)} \overline{L_p^{(t)}} + \beta_{ie}^{(t)} \overline{L_h^{(t)}} \right) \Delta t - \sum_{t=1}^{T} \frac{C_g}{\eta_{MT} Q_L} P_{MT}^{(t)} \Delta t - \sum_{t=1}^{T} \frac{C_g}{\eta_{GL} Q_L} H_{GL}^{(t)} \Delta t \\
&\quad - \sum_{t=1}^{T} \lambda_{ie} \left(R_c^{(t)} + R_d^{(t)} \right) \Delta t - \sum_{t=1}^{T} \gamma_{grid}^{(t)} P_{grid}^{(t)} \Delta t
\end{aligned} \tag{7-22}
$$

2. 约束条件

（1）电热出力关系约束：燃气轮机在发电过程中会产生余热，对生成的余热回收处理可以满足用户侧的热负荷需求，提高燃料的利用效率。参考文献[12]，燃气轮机的输出热功率和电功率的关系为

$$H_{\mathrm{MT}}^{(t)} = \frac{1 - \eta_{\mathrm{MT}} - \eta_{\mathrm{MT,\,loss}}}{\eta_{\mathrm{MT}}} \eta_H P_{\mathrm{MT}}^{(t)} \qquad (7\text{-}23)$$

其中，$H_{\mathrm{MT}}^{(t)}$ 为燃气轮机输出热功率；η_H 为燃气轮机制热效率；$\eta_{\mathrm{MT,\,loss}}$ 为散热损失率。

（2）输出功率约束：燃气轮机的输出电功率 $P_{\mathrm{MT}}^{(t)}$ 和燃气锅炉的输出热功率 $H_{\mathrm{GL}}^{(t)}$ 应小于各自设备的额定功率，即

$$\begin{cases} 0 \leqslant P_{\mathrm{MT}}^{(t)} \leqslant P_{\mathrm{MT}}^{\max} \\ 0 \leqslant H_{\mathrm{GL}}^{(t)} \leqslant H_{\mathrm{GL}}^{\max} \end{cases} \qquad (7\text{-}24)$$

其中，$P_{\mathrm{MT}}^{\max}$ 为燃气轮机的额定输出电功率；$H_{\mathrm{GL}}^{\max}$ 为燃气锅炉的额定输出热功率。

（3）电价热价约束：为了满足市场机制和符合相关政策要求，综合能源运营商的售电、售热价需要满足最大、最小值约束，其中，综合能源运营商的售电价要小于电网的售电价，即

$$\begin{cases} \alpha_{\mathrm{ie}}^{\min} < \alpha_{\mathrm{ie}}^{(t)} < \gamma_{\mathrm{grid}}^{(t)} \\ \beta_{\mathrm{ie}}^{\min} < \beta_{\mathrm{ie}}^{(t)} < \beta_{\mathrm{ie}}^{\max} \end{cases} \qquad (7\text{-}25)$$

其中，$\alpha_{\mathrm{ie}}^{(t)}$ 为综合能源运营商的售电价；$\beta_{\mathrm{ie}}^{(t)}$ 为综合能源运营商的售热价；$\alpha_{\mathrm{ie}}^{\min}$ 为综合能源运营商售电价的最小值；$\gamma_{\mathrm{grid}}^{(t)}$ 为 t 时间段电网的售电价；$\beta_{\mathrm{ie}}^{\min}$ 为综合能源运营商售热价的最小值；$\beta_{\mathrm{ie}}^{\max}$ 为综合能源运营商售热价的最大值。

（4）电热供需平衡约束：综合能源系统运营商的电热出力需要满足用户的电、热负荷需求，因此对于任意时间段，都有

$$\begin{cases} P_{\mathrm{MT}}^{(t)} + P_{\mathrm{grid}}^{(t)} + P_{\mathrm{FG}}^{(t)} + R_d^{(t)} - R_c^{(t)} \geqslant \overline{L_p^{(t)}} \\ H_{\mathrm{MT}}^{(t)} + H_{\mathrm{GL}}^{(t)} \geqslant \overline{L_h^{(t)}} \end{cases} \qquad (7\text{-}26)$$

其中，$P_{\mathrm{grid}}^{(t)}$ 为 t 时间段综合能源运营商从电网购买的电功率；$P_{\mathrm{FG}}^{(t)}$ 为 t 时间段综合能源运营商的风光联合出力；$R_c^{(t)}$ 为综合能源运营商 t 时间段使用共享储能备用服务的充电功率；$R_d^{(t)}$ 为综合能源运营商 t 时间段使用共享储能备用服务的放电功率；$H_{\mathrm{MT}}^{(t)}$ 为燃气轮机的输出热功率；$H_{\mathrm{GL}}^{(t)}$ 为燃气锅炉的输出热功率；$\overline{L_p^{(t)}}$ 为用户聚集商的净电负荷；$\overline{L_h^{(t)}}$ 为用户聚集商的净热负荷。

7.2.3　用户聚集商收益模型

用户聚集商根据综合能源运营商制定的售电价和售热价，灵活调整用能分配。本节将电负荷分为固定电负荷与柔性电负荷，同理，将热负荷分为固定热负荷与柔性热负荷[13]。柔性负荷对价格信息敏感，受发电能力和电价政策等因

素影响大,当实时电价高于消费者心理预期时,用户在不改变总需求的前提下,可以调整相应设备的使用时间,即对相应柔性负荷的工作时间和负荷大小做出调整。用户侧家庭式光伏设备可以产生一部分电能,补充用户的电负荷需求;电制热设备属于电热耦合设备,消耗电能产生一部分热能,补充用户的热负荷需求。

1. 目标函数

用户聚集商在 t 时间段的电负荷需求可以表示为

$$L_p^{(t)} = L_g^{(t)} + L_r^{(t)} + \Delta L_k^{(t)} + L_d^{(t)} \tag{7-27}$$

其中,$L_p^{(t)}$ 为用户聚集商在 t 时间段的总电负荷;$L_g^{(t)}$ 为用户聚集商在 t 时间段的固定电负荷;$L_r^{(t)}$ 为用户聚集商在 t 时间段的柔性电负荷;$\Delta L_k^{(t)}$ 为用户聚集商在 t 时间段内柔性电负荷的可调整量;$L_d^{(t)}$ 为用户聚集商的电制热设备在 t 时间段内消耗的电功率。

由于共享储能电站的引入,用户聚集商可以在某一时间段内取用或者存储一定的电能,家庭式光伏设备也可以提供一部分电能,用户使用电能会更加灵活,则用户聚集商的净电负荷为

$$\overline{L_p^{(t)}} = L_g^{(t)} + L_r^{(t)} + \Delta L_k^{(t)} + L_d^{(t)} + L_{\text{ESS}}^{(t)} - L_{\text{pv}}^{(t)} \tag{7-28}$$

$$L_{\text{ESS}}^{(t)} = P_c^{(t)} - P_d^{(t)} \tag{7-29}$$

其中,$L_{\text{pv}}^{(t)}$ 为用户聚集商家庭式光伏设备的出力;$P_c^{(t)}$ 和 $P_d^{(t)}$ 分别为用户在 t 时间段使用共享储能的充电功率和放电功率;$L_{\text{ESS}}^{(t)}$ 为用户聚集商在 t 时间段向共享储能系统存电或用电,$L_{\text{ESS}}^{(t)}$ 为正值代表储存电能,为负值代表取用电能。$\overline{L_p^{(t)}}$ 为正值代表用户聚集商在该时段向综合能源运营商购买电能。

在热负荷方面,在综合能源运营商的电价较低而热价较高时,用户聚集商可以利用电制热设备产热,补充满足热负荷需求,从而降低购能成本。用户聚集商在 t 时间段的总热负荷 $L_h^{(t)}$ 和净热负荷 $\overline{L_h^{(t)}}$ 分别为

$$L_h^{(t)} = L_{g,h}^{(t)} + L_{r,h}^{(t)} + \Delta L_{k,h}^{(t)} \tag{7-30}$$

$$\overline{L_h^{(t)}} = L_{g,h}^{(t)} + L_{r,h}^{(t)} + \Delta L_{k,h}^{(t)} - \eta_d L_d^{(t)} \tag{7-31}$$

其中,$L_h^{(t)}$ 为用户聚集商在 t 时间段的总热负荷;$L_{g,h}^{(t)}$ 为用户聚集商在 t 时间段的固定热负荷;$L_{r,h}^{(t)}$ 为用户聚集商在 t 时间段的柔性热负荷;$\Delta L_{k,h}^{(t)}$ 为用户聚集商在 t 时间段柔性热负荷的可调整量;$\overline{L_h^{(t)}}$ 为用户聚集商在 t 时间段的净热负荷;$L_d^{(t)}$ 为用户聚集商电制热设备在 t 时间段内消耗的电功率;η_d 为用户聚集商电制热设备的制热效率。$\overline{L_h^{(t)}}$ 为正值代表用户聚集商在该时段向综合能源运营商购买热能。

用户聚集商的收益由三部分组成：使用共享储能电站的费用（即储能费用）E_1、向综合储能运营商购买电能和热能的费用（即购能费用）E_2、用户聚集商的用能效用 E_3。

$$E_1 = F_1 = \sum_{t=1}^{T} \lambda_p \left(P_c^{(t)} + P_d^{(t)} \right) \Delta t \tag{7-32}$$

$$E_2 = C_{\text{PRO}} = \sum_{t=1}^{T} \left(\alpha_{\text{ie}}^{(t)} \overline{L_p^{(t)}} + \beta_{\text{ie}}^{(t)} \overline{L_h^{(t)}} \right) \Delta t \tag{7-33}$$

$$E_3 = \sum_{t=1}^{T} \left(a L_y^{(t)2} + b L_y^{(t)} \right) \Delta t + \sum_{t=1}^{T} \left(c L_h^{(t)2} + d L_h^{(t)} \right) \Delta t \tag{7-34}$$

$$L_y^{(t)} = L_g^{(t)} + L_r^{(t)} + \Delta L_k^{(t)} + L_d^{(t)} + P_c^{(t)} \tag{7-35}$$

其中，用户聚集商的用能效用函数表示用能满意度，通常为凸函数，有二次型和对数型等形式，本章采用二次型来表示[14, 15]。a,b 分别为用户聚集商用电效用函数（二次函数）的参数；c,d 分别为用户聚集商用热效用函数（二次函数）的参数；$L_y^{(t)}$ 为用户聚集商在 t 时间段内使用的电负荷；$L_h^{(t)}$ 为用户聚集商在 t 时间段内使用的热负荷。

根据参考文献[15]，用户聚集商的目标函数为最大化消费者剩余，即用户的用能效用和用能成本的差值，即应使一天内用户聚集商的收益 E 最大，用公式可以表示为

$$\begin{aligned} \max E &= E_3 - E_1 - E_2 \\ &= \sum_{t=1}^{T} \left(a L_y^{(t)2} + b L_y^{(t)} \right) \Delta t + \sum_{t=1}^{T} \left(c L_h^{(t)2} + d L_h^{(t)} \right) \Delta t \\ &\quad - \sum_{t=1}^{T} \lambda_p \left(P_c^{(t)} + P_d^{(t)} \right) \Delta t - \sum_{t=1}^{T} \left(\alpha_{\text{ie}}^{(t)} \overline{L_p^{(t)}} + \beta_{\text{ie}}^{(t)} \overline{L_h^{(t)}} \right) \Delta t \end{aligned} \tag{7-36}$$

2. 约束条件

（1）可调整负荷约束：为了描述用户侧的需求响应情况，参考文献[16]，引入用户聚集商柔性负荷的可调整比例，即一个调度周期内用户聚集商的柔性负荷总量不变，每个时间段用户聚集商的柔性负荷可调整量大小受到约束，一个调度周期内用户的柔性负荷可调整总量受到约束。

$$\begin{cases} \sum_{t=1}^{T} \Delta L_k^{(t)} = 0 \\ \sum_{t=1}^{T} \Delta L_{k,h}^{(t)} = 0 \end{cases} \tag{7-37}$$

$$
\begin{cases}
\dfrac{\left| \Delta L_k^{(t)} \right|}{L_g^{(t)} + L_r^{(t)}} \leqslant \theta_e \\[4mm]
\dfrac{\left| \Delta L_{k,h}^{(t)} \right|}{L_{g,h}^{(t)} + L_{r,h}^{(t)}} \leqslant \theta_h
\end{cases}
\tag{7-38}
$$

$$
\begin{cases}
\dfrac{\displaystyle\sum_{t=1}^{T} \left| \Delta L_k^{(t)} \right|}{\displaystyle\sum_{t=1}^{T} \left(L_g^{(t)} + L_r^{(t)} \right)} = \rho_e \\[8mm]
\dfrac{\displaystyle\sum_{t=1}^{T} \left| \Delta L_{k,h}^{(t)} \right|}{\displaystyle\sum_{t=1}^{T} \left(L_{g,h}^{(t)} + L_{r,h}^{(t)} \right)} = \rho_h
\end{cases}
\tag{7-39}
$$

其中，$\Delta L_k^{(t)}$ 和 $\Delta L_{k,h}^{(t)}$ 为用户聚集商在 t 时间段柔性电负荷和柔性热负荷的调整量；θ_e 和 θ_h 分别为用户聚集商单位时间段的最大允许调整比例；ρ_e 和 ρ_h 分别为用户聚集商柔性电负荷和柔性热负荷可调整量的占比。θ_e 和 θ_h 越大，代表单位时间段可调整负荷越多，用户侧需求响应更加灵活。

（2）电制热功率约束：用户聚集商电制热设备的电功率小于额定功率，相应约束条件为

$$
0 \leqslant L_d^{(t)} \leqslant L_d^{\max}
\tag{7-40}
$$

其中，$L_d^{(t)}$ 为用户聚集商电制热设备在 t 时间段内消耗的电功率；$L_d^{\max}$ 为用户聚集商电制热设备在 t 时间段内的最大功率。

7.3　综合能源系统双层规划模型

7.3.1　双层规划模型交互运行机制

本节采用双层规划方法来解决综合能源系统多主体运行优化问题，建立综合能源系统双层规划模型。其中，上层先进行规划决策，然后观察下层的响应，下层根据上层决策制定最优的运行策略，然后将结果传递给上层，上层根据结果更新计划，重复该过程，直到满足停止标准，最终得到满意的解决方案。综合能源系统双层规划模型上下层运行相互迭代，取得联合最优。适当规模的共享储能投建能够可靠运行并有效支持综合能源系统，因此可以将综合能源系统多主体运行优化问题理解为共享储能的投建规划问题。合理的售电和售热价格能够有效

刺激用户的购买意愿，提升购买量，综合能源运营商才会获得收益，因此可以将综合能源系统多主体运行优化问题理解为综合能源运营商的定价问题。用户可以灵活支配一天内的负荷使用情况，合理调配自身设备和储能的使用，因此可以将综合能源系统多主体运行优化问题理解为用户聚集商的用能调度问题。

图 7-2 展示了综合能源系统双层规划模型的上下层交互机制。其中，上层模型用于确定共享储能电站的投建规模，下层模型优化综合能源运营商和用户聚集商的运行策略。

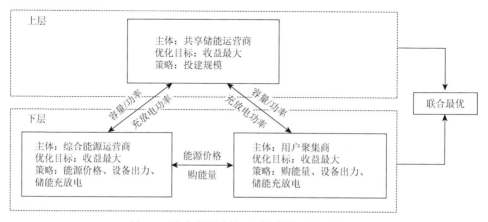

图 7-2　综合能源系统双层规划模型交互机制

在上层投建规划模型中，首先决策出共享储能的规模，即共享储能电站的额定容量和额定功率，传递给下层运行优化模型作为边界条件。在下层模型中，综合能源运营商首先决策售电、售热价，然后用户聚集商根据定价与共享储能租赁服务费，优化自身的购能策略、设备出力以及共享储能充放电策略，综合能源运营商根据购能策略调整更新能源价格策略并传递给用户聚集商，直到双方达到最优。当下层模型达到最优后，综合能源运营商和用户聚集商将各自的使用共享储能充放电功率信息返回给上层模型，上层模型计算出共享储能的收益，重复以上过程对共享储能收益进行优化。其中共享储能电站的额定容量和功率是连接上层规划问题与下层优化问题的关键耦合因素，即上层模型的共享储能规模是下层模型边界条件的固定参数，而下层的运营策略返回上层用于计算共享储能的收益。通过交互优化两级模型直至达到联合最优，最终确定共享储能的投建规模、综合能源运营商的运行策略、用户聚集商的运行策略。

7.3.2　双层规划模型构建

根据 7.3.1 节中共享储能运营商、综合能源运营商和用户聚集商的数学模型以及综合能源系统双层规划模型的交互机制,本节构建了综合能源系统双层规划模型,模型框架如图 7-3 所示。其中上层投建规划模型的目标函数为共享储能运营商的净收益最大,决策变量为共享储能电站的额定容量和额定功率,约束条件有总投资预算约束、容量大小约束、充放电功率约束等。下层运行优化模型的目标函数为综合能源运营商的收益最大和用户聚集商的收益最大,决策变量为综合能源运营商的售电价、售热价,以及用户聚集商的净电负荷、净热负荷和设备出力参数等,约束条件有电价热价约束、功率约束、可调整负荷约束、电热供需平衡约束等。

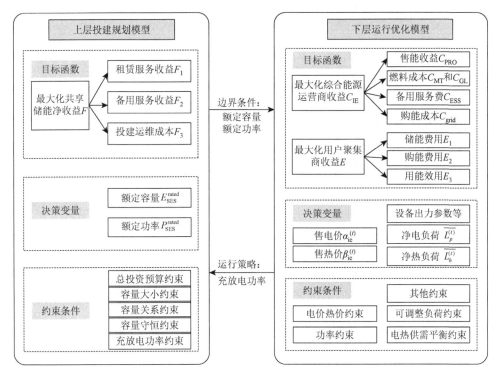

图 7-3　综合能源系统双层规划模型框架图

　　对于综合能源运营商,目标函数为收益最大,需要求解最优的设备出力、电价热价以及储能充放电功率。对于用户聚集商,目标函数为收益最大,需要求解电热负荷、设备出力以及储能充放电功率。对于共享储能运营商,目标函数为净收益最大,需要求解在综合能源系统中的最优投建规模,即额定容量和额定功率。

　　根据所提出的综合能源系统双层规划模型和相关数学表达式,可以整合得到双层规划模型的数学表达式,如式(7-41)所示。其中,上层模型的目标函数为式(7-6),用来求解共享储能运营商净收益的最大值,需要满足的约束条件为式(7-16)。下层模型的目标函数为用来求解综合能源运营商收益最大值的式(7-22),

以及用来求解用户聚集商收益最大值的式(7-36);下层模型中综合能源运营商需要满足的约束条件为式(7-8)、式(7-10)、式(7-12)、式(7-14)、式(7-23)~式(7-26),下层模型中用户聚集商需要满足的约束条件为式(7-7)、式(7-9)、式(7-11)、式(7-13)、式(7-15)、式(7-37)~式(7-40)。通过该全局模型,可以计算共享储能的最优投建规模和用户聚集商、综合能源运营商的最优运行策略。

$$
\begin{cases}
\max F = \sum_{t=1}^{T} \lambda_p \left(P_c^{(t)} + P_d^{(t)} \right) \Delta t + \sum_{t=1}^{T} \lambda_{\mathrm{ie}} \left(R_c^{(t)} + R_d^{(t)} \right) \Delta t - \dfrac{c_r}{365} \left(c_E E_{\mathrm{SES}}^{\mathrm{rated}} + c_P P_{\mathrm{SES}}^{\mathrm{rated}} \right) - M_{\mathrm{SES}} P_{\mathrm{SES}}^{\mathrm{rated}} \\[2mm]
\text{s.t. } c_E E_{\mathrm{SES}}^{\mathrm{rated}} + c_P P_{\mathrm{SES}}^{\mathrm{rated}} + 365 M_{\mathrm{SES}} P_{\mathrm{SES}}^{\mathrm{rated}} l \leqslant c_B \\[2mm]
\max C_{\mathrm{IE}} = \sum_{t=1}^{T} \left(\alpha_{\mathrm{ie}}^{(t)} \overline{L_p^{(t)}} + \beta_{\mathrm{ie}}^{(t)} \overline{L_h^{(t)}} \right) \Delta t - \sum_{t=1}^{T} \dfrac{C_g}{\eta_{\mathrm{MT}} Q_L} P_{\mathrm{MT}}^{(t)} \Delta t - \sum_{t=1}^{T} \dfrac{C_g}{\eta_{\mathrm{GL}} Q_L} H_{\mathrm{GL}}^{(t)} \Delta t - \sum_{t=1}^{T} \lambda_{\mathrm{ie}} \left(R_c^{(t)} + R_d^{(t)} \right) \Delta t - \sum_{t=1}^{T} \gamma_{\mathrm{grid}}^{(t)} P_{\mathrm{grid}}^{(t)} \Delta t \\[2mm]
\text{s.t.}
\begin{cases}
H_{\mathrm{MT}}^{(t)} = \dfrac{1 - \eta_{\mathrm{MT}} - \eta_{\mathrm{MT,\,loss}}}{\eta_{\mathrm{MT}}} \eta_H P_{\mathrm{MT}}^{(t)} \\[2mm]
\alpha_{\mathrm{ie}}^{\min} < \alpha_{\mathrm{ie}}^{(t)} < \gamma_{\mathrm{grid}}^{(t)}, \quad \beta_{\mathrm{ie}}^{\min} < \beta_{\mathrm{ie}}^{(t)} < \beta_{\mathrm{ie}}^{\max} \\[2mm]
0 \leqslant P_{\mathrm{MT}}^{(t)} \leqslant P_{\mathrm{MT}}^{\max}, \quad 0 \leqslant H_{\mathrm{GL}}^{(t)} \leqslant H_{\mathrm{GL}}^{\max} \\[2mm]
P_{\mathrm{MT}}^{(t)} + P_{\mathrm{grid}}^{(t)} + P_{\mathrm{FG}}^{(t)} + R_d^{(t)} - R_c^{(t)} \geqslant \overline{L_p^{(t)}} \\[2mm]
H_{\mathrm{MT}}^{(t)} + H_{\mathrm{GL}}^{(t)} \geqslant \overline{L_h^{(t)}} \\[2mm]
S_{R,\mathrm{SES}}^{t+1} = S_{R,\mathrm{SES}}^{t} + \left(\eta_c R_c^{(t)} - \dfrac{R_d^{(t)}}{\eta_d} \right) \Delta t \\[2mm]
\sum_{t=1}^{T} \eta_c R_c^{(t)} \Delta t - \sum_{t=1}^{T} \dfrac{R_d^{(t)}}{\eta_d} \Delta t = 0 \\[2mm]
\eta_R^{\min} S_{R,\mathrm{SES}} \leqslant S_{R,\mathrm{SES}}^{t} \leqslant \eta_R^{\max} S_{R,\mathrm{SES}}, \quad S_{R,\mathrm{SES}} = \omega E_{\mathrm{SES}}^{\mathrm{rated}}
\end{cases} \\[2mm]
\max E = \sum_{t=1}^{T} \left(a L_y^{(t)2} + b L_y^{(t)} \right) \Delta t + \sum_{t=1}^{T} \left(c L_h^{(t)2} + d L_h^{(t)} \right) \Delta t - \sum_{t=1}^{T} \lambda_p \left(P_c^{(t)} + P_d^{(t)} \right) \Delta t - \sum_{t=1}^{T} \left(\alpha_{\mathrm{ie}}^{(t)} \overline{L_p^{(t)}} + \beta_{\mathrm{ie}}^{(t)} \overline{L_h^{(t)}} \right) \Delta t \\[2mm]
\text{s.t.}
\begin{cases}
\left| \dfrac{S_{P,\mathrm{SES}}^{t+1} - S_{P,\mathrm{SES}}^{t}}{\Delta t} \right| + \left| \dfrac{S_{R,\mathrm{SES}}^{t+1} - S_{R,\mathrm{SES}}^{t}}{\Delta t} \right| \leqslant \eta_{cd} P_{\mathrm{SES}}^{\mathrm{rated}} \\[2mm]
S_{P,\mathrm{SES}}^{t+1} = S_{P,\mathrm{SES}}^{t} + \left(\eta_c P_c^{(t)} - \dfrac{P_d^{(t)}}{\eta_d} \right) \Delta t \\[2mm]
\sum_{t=1}^{T} \eta_c P_c^{(t)} \Delta t - \sum_{t=1}^{T} \dfrac{P_d^{(t)}}{\eta_d} \Delta t = 0 \\[2mm]
\eta_P^{\min} S_{P,\mathrm{SES}} \leqslant S_{P,\mathrm{SES}}^{t} \leqslant \eta_P^{\max} S_{P,\mathrm{SES}}, \quad S_{P,\mathrm{SES}} + S_{R,\mathrm{SES}} = E_{\mathrm{SES}}^{\mathrm{rated}} \\[2mm]
\sum_{t=1}^{T} \Delta L_k^{(t)} = 0, \quad \sum_{t=1}^{T} \Delta L_{k,h}^{(t)} = 0 \\[2mm]
\dfrac{\left| \Delta L_k^{(t)} \right|}{L_g^{(t)} + L_r^{(t)}} \leqslant \theta_e, \quad \dfrac{\left| \Delta L_{k,h}^{(t)} \right|}{L_{g,h}^{(t)} + L_{r,h}^{(t)}} \leqslant \theta_h \\[2mm]
\dfrac{\sum_{t=1}^{T} \left| \Delta L_k^{(t)} \right|}{\sum_{t=1}^{T} \left(L_g^{(t)} + L_r^{(t)} \right)} = \rho_e, \quad \dfrac{\sum_{t=1}^{T} \left| \Delta L_{k,h}^{(t)} \right|}{\sum_{t=1}^{T} \left(L_{g,h}^{(t)} + L_{r,h}^{(t)} \right)} = \rho_h \\[2mm]
0 \leqslant L_d^{(t)} \leqslant L_d^{\max}
\end{cases}
\end{cases}
$$

$$(7\text{-}41)$$

第8章　综合能源系统双层嵌套遗传算法测算

双层规划模型的求解是困难且复杂的，本章根据综合能源系统双层规划模型设计了双层嵌套遗传算法。本章将阐述双层嵌套遗传算法的架构及步骤，并介绍算法的边界条件与数据来源，最后对算法的收敛性进行测算，为后续的优化分析奠定基础。

8.1　双层嵌套遗传算法架构及步骤

本章针对综合能源系统设计的双层嵌套遗传算法架构如图 8-1 所示。

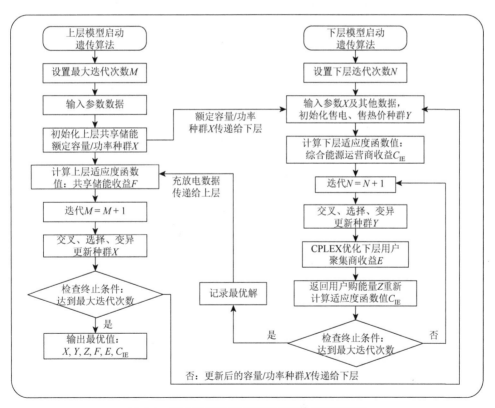

图 8-1　综合能源系统双层嵌套遗传算法架构图

由图 8-1 可知，上层投建规划模型首先采用遗传算法随机生成一组共享储能电站的额定容量和额定功率，将这些值作为已知参数传递给下层运行优化模型。随后，下层模型通过遗传算法生成和更新综合能源运营商和用户聚集商的运行策略，返回给上层模型计算共享储能运营商的收益，继续更新共享储能电站的额定容量和额定功率并传递给下层模型进行进一步优化。本章采用双层嵌套遗传算法交互迭代得到三方主体的最优策略，具体步骤如下。

步骤 1：为上层投建规划模型设置最大迭代次数 M，输入上层模型的相关参数数据，确定上层遗传算法参数（种群数量、变异概率、交叉概率等），初始化上层共享储能额定容量和额定功率种群 X，并传递给下层模型。

步骤 2：设置下层模型的迭代次数 N，确定下层遗传算法参数（种群数量、变异概率、交叉概率等），初始化综合能源运营商的售电价、售热价种群 Y。

步骤 3：输入上层的决策信息 X、综合能源系统的售电、售热价种群 Y 以及其他相关参数数据，传递给下层模型中的用户聚集商。

步骤 4：调用规划求解器 CPLEX 优化下层用户聚集商的收益，求解用户电负荷和热负荷分布以及使用共享储能充放电功率，将最优解中的购能量 Z 传递给综合能源运营商，得到综合能源运营商收益，记录该适应度函数值 C_{IE}。

步骤 5：增加迭代次数 $N=N+1$，通过交叉、选择、变异，更新综合能源运营商的售电、售热价种群 Y，传递给用户聚集商，重新调用规划求解器 CPLEX 计算下层用户聚集商的收益最优值，并得到新的适应度函数值，即综合能源运营商收益 C_{IE}。

步骤 6：检查下层遗传算法的终止条件，即是否达到最大迭代次数（即最大遗传代数）。如果满足条件，记录最优解，并将最优解中综合能源运营商和用户聚集商的共享储能充放电数据传递给上层模型，如果不满足，返回步骤 5。

步骤 7：上层模型接收下层的策略信息后计算共享储能的收益，增加上层模型的迭代次数 $M=M+1$，通过交叉、选择、变异，更新共享储能额定容量和额定功率种群 X。

步骤 8：判断是否达到终止条件，即是否达到最大迭代次数。如果满足，则退出循环，输出共享储能投建规模以及综合能源运营商和用户聚集商的运行策略结果；如果不满足，将更新后的容量/功率种群 X 传递给下层模型，重复步骤 3～步骤 7，上下层交互迭代，直到生成一组最优解决方案。

通过上述步骤，本章提出的双层嵌套遗传算法实现了上下层的交互，能够求解综合能源系统双层规划模型，得到最优解。本章基于 MATLAB 平台编写算法，并调用规划求解器 CPLEX 对模型求解。

8.2　边界条件与数据来源

为了获得共享储能投建规模、综合能源运营商和用户聚集商的运行策略，在模型的实际算例中，将一天划分为 24 个时间段，即 $T = 24$，综合能源运营商配备有风光发电设备、一台微型燃气轮机和一台燃气锅炉；用户聚集商配备有家庭式光伏发电设备和电制热设备；共享储能运营商配备有共享储能电站。根据相关资料和文献，接下来对模型中不同主体的相关参数数据进行确定。

8.2.1　共享储能运营商相关数据

共享储能的投资建设成本主要来源于储能设备及组件配置、建设施工费用以及其他方面等，本节将其表示为容量成本系数与功率成本系数。运行维护成本也是共享储能总成本的一个重要组成部分，通常情况下，单位运行维护成本与单位投资建设成本存在相关性。由于共享储能设备采用锂离子电池储能，本节参考锂离子电池储能技术特性的相关文献，选取容量成本系数为 500 元/千瓦时，功率成本系数为 550 元/千瓦，资金年利率为 10%，总投资预算为 7×10^5 元。综合能源运营商和用户聚集商使用共享储能的服务费分别为 0.3 元/千瓦时和 0.33 元/千瓦时，综合能源运营商使用储能的最大存储容量占共享储能额定容量的比例为 0.2。共享储能电站参数和共享储能服务参数如表 8-1 和表 8-2 所示[17-19]。

表 8-1　共享储能电站参数

参数	数值
容量成本系数 c_E	500 元/千瓦时
功率成本系数 c_P	550 元/千瓦
寿命周期 l	12 年
每日运行维护成本系数 M_{SES}	83 元/（千瓦时）
资金年利率 r	10%
总投资预算 c_B	7×10^5 元
充电效率 η_c	0.95
放电效率 η_d	0.95
共享储能电站最大充放电功率系数 η_{cd}	0.98

表 8-2　共享储能服务参数

参数名称	数值
用户聚集商使用共享储能租赁服务费 λ_p	0.33 元/千瓦时
综合能源运营商使用共享储能备用服务费 λ_{se}	0.3 元/千瓦时

参数名称	数值
用户聚集商使用共享储能电站容量的最大比例 $\eta_P^{\max}$	0.9
用户聚集商使用共享储能电站容量的最小比例 $\eta_P^{\min}$	0.1
综合能源运营商使用共享储能电站容量的最大比例 $\eta_R^{\max}$	0.9
综合能源运营商使用共享储能电站容量的最小比例 $\eta_R^{\min}$	0.1
综合能源运营商最大存储容量所占比例 ω	0.2

8.2.2　综合能源运营商相关数据

1. 设备的相关技术参数

由于本书研究园区级综合能源系统，因此选取面向居民生活区的综合能源系统内的各类能源转换设备，对应的技术参数参考热电联产设备和微电网设备的相关文献，综合能源运营商的设备参数如表 8-3 所示[20-22]。参考现行天然气市场价格以及物理参数，本节设定天然气价格为 2.55 元/米³，热值系数为 9.88 千瓦时/米³。

表 8-3　综合能源运营商设备参数

设备	参数名称	数值
燃气轮机	额定输出电功率 $P_{\mathrm{MT}}^{\max}$	500 千瓦
	气-电效率 η_{MT}	0.4
	制热效率 η_H	0.8
	散热损失率 $\eta_{\mathrm{MT,\,loss}}$	0.05
燃气锅炉	额定输出热功率 $H_{\mathrm{GL}}^{\max}$	100 千瓦
	气-热效率 η_{GL}	0.8

2. 电网价格和售电价、售热价参数

根据我国目前的电力市场形势，综合能源运营商向电网购电的电价 $\gamma_{\mathrm{grid}}^{(t)}$ 参考国网陕西省电力有限公司代理购电电价表以及相关文献，采用峰、平、谷分时电价，这种电价方式更具有应用性和实际参考价值，电网峰、平、谷时段划分与分时电价如表 8-4 所示[23-25]。

表 8-4　电网峰平谷时段划分与分时电价

时段类型	时段	电价/（元/千瓦时）
峰时	10:00～15:00，18:00～23:00	1.35
平时	07:00～10:00，15:00～18:00	0.82
谷时	00:00～07:00，23:00～24:00	0.38

综合能源运营商的售电价、售热价受到市场约束，其中综合能源运营商的售电价小于电网售电价，参考现行市场的电价、热价范围以及相关文献，综合能源运营商的市场经济参数如表 8-5 所示[12, 14, 15]。

表 8-5　综合能源运营商的市场经济参数

参数	数值/（元/千瓦时）
售电价上限 $\gamma_{\text{grid}}^{(t)}$	电网分时电价
售电价下限 $\alpha_{\text{ie}}^{\min}$	0.36
售热价上限 $\beta_{\text{ie}}^{\max}$	0.50
售热价下限 $\beta_{\text{ie}}^{\min}$	0.15

3. 风光联合设备输出功率参数

风光联合出力具有不确定性，受到环境和自然条件的影响较大，本节参考相关文献，选取典型日的风光出力数据，绘制的综合能源系统中的风光联合出力预测柱状图如图 8-2 所示[26, 27]。

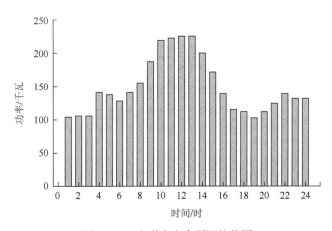

图 8-2　风光联合出力预测柱状图

8.2.3　用户聚集商相关数据

用户聚集商的电负荷、热负荷和光伏出力预测参考某地区的实际综合能源系统数据，具体如图 8-3 所示[26]。可以看出，电负荷峰值一般出现在 10:00～17:00 时间段，热负荷峰值一般出现在 19:00～22:00 时间段，用户的光伏设备的电负荷出力出现在 06:00～20:00 时间段。用户聚集商的电制热设备的最大功率和制热效率、可调整负荷参数以及用能效用参数数据如表 8-6 所示。

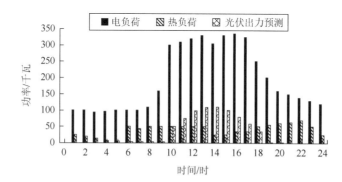

图 8-3　用户聚集商的电负荷、热负荷和光伏出力预测数据

表 8-6　用户聚集商相关参数

项目	参数	数值
电制热设备	最大功率 L_d^{max}	50 千瓦
	制热效率 η_d	0.9
可调整电负荷 $\Delta L_k^{(t)}$	最大允许调整比例 θ_e	0.25
	可调整量的占比 ρ_e	0.20
可调整热负荷 $\Delta L_{k,h}^{(t)}$	最大允许调整比例 θ_h	0.20
	可调整量的占比 ρ_h	0.15
用电效用参数	a	−0.05
	b	4
用热效用参数	c	−0.05
	d	4

8.2.4　算法参数数据

本节对双层嵌套遗传算法的参数参考相关文献进行了初始设置，在代入数据

运行迭代过程中进行了相应调整，最终得到的双层嵌套遗传算法的参数结果如表 8-7 所示[28]。

表 8-7 双层嵌套遗传算法参数

参数名称	上层模型	下层模型
种群规模	20	40
迭代次数/次	20	120
交叉概率	0.9	0.9
变异概率	0.1	0.1

8.3 算法收敛性测算

由于遗传算法是一种启发式算法，最优解可能会陷入局部最优。为了解决这个问题，本节采取的可行方法是多次运行该算法[29]。共享储能运营商、综合能源运营商和用户聚集商的最优收益曲线如图 8-4 和图 8-5 所示。可以看出，共享储能运营商在达到上层遗传算法最大迭代次数之前已经收敛，在第 11 代之后共享储能运营商的收益近似不变。同理，综合能源运营商和用户聚集商在达到下层遗传最大迭代次数之前已经收敛，其中用户聚集商在第 16 代时收敛，综合能源运营商在第 110 代时收敛。经过多次实验以及更换随机算子，模型均能收敛并求解出稳定的可行解，证明该双层嵌套遗传算法具有较好的收敛效果，即该双层嵌套遗传算法具有有效性。

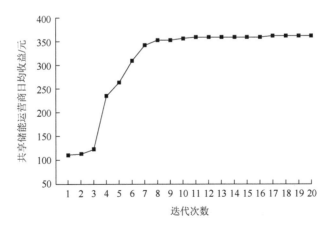

图 8-4 共享储能运营商的最优收益曲线

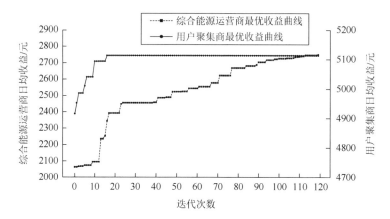

图 8-5 综合能源运营商和用户聚集商的最优收益曲线

第9章 综合能源系统多主体运行优化结果及其灵敏度分析

本章首先基于第7章和第8章模型和算法进行实际案例分析，通过输入相关数据并求解，得出共享储能运营商、综合能源运营商和用户聚集商的收益及运行策略。其次在不配置共享储能、配置独立储能和配置共享储能这三种情景下，对共享储能运营商、综合能源运营商和用户聚集商的收益进行对比分析，验证共享储能模式的优势和经济性。最后针对共享储能的总投资预算、容量成本系数、功率成本系数、容量系数及共享储能服务费等参数进行灵敏度分析，探究合理运行共享储能的最佳策略。本章的模型是在 MATLAB R2021a 中运行的，运行的计算机配置为 2.30 GHz（吉赫兹）的英特尔®酷睿™ i7-12700H 处理器、16 GB（gigabyte，吉字节）的 RAM（random access memory，随机存储器）和 64 位 Windows 系统。

9.1 综合能源系统各主体运行优化结果

9.1.1 综合能源运营商运行优化结果

综合能源运营商电能优化调度结果如图 9-1 所示。图中的曲线为用户聚集商的净电负荷，即综合能源运营商的电能售出量。

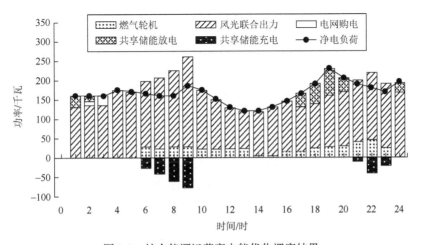

图 9-1 综合能源运营商电能优化调度结果

　　由于风光资源成本较低，风光联合出力会首先满足电负荷需求，当向电网购电的成本小于燃气轮机的发电成本时，综合能源运营商向电网购电进行补充，其次使用燃气轮机发电。在1:00~3:00时间段，综合能源运营商的风光联合出力低于用户聚集商的净电负荷需求，此时优先使用共享储能放电进行补充，当共享储能初始容量被释放完毕后，综合能源运营商向电网购电进行补充。在4:00~5:00时间段，综合能源运营商的风光联合出力恰可以满足用户聚集商的净电负荷需求，此时共享储能容量不会变化。在6:00~9:00时间段，综合能源运营商的风光联合出力逐渐增加，再加上用户聚集商的热负荷需求引起燃气轮机发电，此时综合能源运营商的发电量高于用户聚集商的净电负荷需求，综合能源运营商向共享储能充电，存储多余的风光资源，实现新能源消纳。在10:00~16:00时间段，综合能源运营商的风光联合出力本应达到最大值，此时的电价较高，用户聚集商的家庭式光伏设备出力大，因此用户聚集商向综合能源运营商购电减少，由于共享储能存储电能容量也已达到了最大值，造成风光资源被弃用（即弃电现象），在图9-1中表现为综合能源运营商的实际风光联合出力受限于净电负荷而降低。在17:00~24:00时间段，综合能源运营商的风光联合出力开始减小至基本稳定，在风光联合出力加上燃气轮机出力低于用户聚集商的净电负荷需求的时候，由共享储能放电进行补充，在风光联合出力加上燃气轮机出力大于用户聚集商的净电负荷需求的时候，对共享储能设备进行充电，以存储电量。

　　可以看出，由于共享储能的存在，减少了综合能源运营商向上级电网购电的需求，使得综合能源系统的可靠性增强，减轻了上级电网支撑综合能源系统的压力。同时，共享储能使得综合能源运营商可以合理安排充放电策略，一方面降低了燃气轮机的发电成本，另一方面增加了综合能源运营商对于风光资源的利用，既满足了低碳指标，增加了环境效益，又平抑了风光出力的波动性，保障了电能安全。

　　综合能源运营商的热能优化调度结果如图9-2所示，图例中的净热负荷为用户聚集商的净热负荷，即综合能源运营商的热能售出量。综合能源运营商有两个产热源：燃气轮机发电产生的余热，以及燃气锅炉燃烧天然气产生的热能。这两者共同满足用户聚集商的热负荷需求，其中燃气轮机的余热量与燃气轮机的发电功率相关。燃气锅炉作为供热主力设备，全时间段输出热功率。在1:00~5:00和24:00，用户聚集商的电制热设备出力，此时的电价较低而热价较高，用户的购电成本低于购热成本，因此用户选择电制热设备来补充自身的一部分热需求，其余热需求需要由向综合能源运营商购热来满足。在6:00~23:00时间段电价较高，用户的购电成本高于购热成本，此时用户聚集商的全部热负荷需求由综合能源运营商满足，燃气锅炉达到了最大热功率，因此综合能源运营商燃气轮机发电，释放一定量的余热补充满足用户聚集商的热负荷需求。

　　与电能优化调度结果对比来看，燃气轮机作为电热耦合设备，会受到电热耦合约束，燃气轮机需要运行发电来满足用户聚集商的热负荷需求，所以会压缩一部分风光出力，导致风光弃电增加。

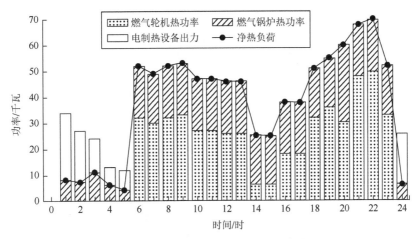

图 9-2　综合能源运营商热能优化调度结果

综合能源运营商定价策略的优化结果如图 9-3 和图 9-4 所示，图 9-3 为售电价的优化结果，图 9-4 为售热价的优化结果。图 9-3 中的电网电价即售电价上限。综合能源运营商始终在售电价下限和电网电价这个范围内制定价格策略，为用户聚集商提供最优价格。为了获得最大收益，综合能源运营商的售电价接近于电网电价。在 9:00~14:00 和 17:00~22:00 时间段，用户聚集商的电负荷需求较大，综合能源运营商的电价制定得相对较高，但是又低于电网电价，这样可以激励用户与其进行电能交易，从而提高自身收益。

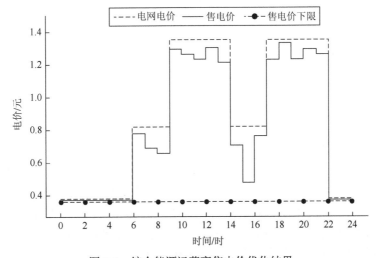

图 9-3　综合能源运营商售电价优化结果

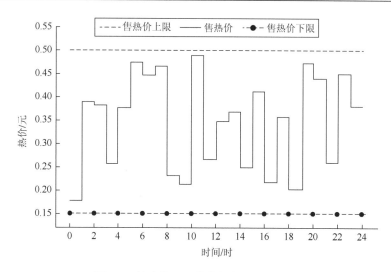

图9-4　综合能源运营商售热价优化结果

在图 9-4 中，综合能源运营商始终在售热价上限和售热价下限这个范围内制定价格策略。由于共享储能和用户电制热设备的参与，以及燃气轮机电热出力的耦合关系，综合能源运营商的热价策略还受到电负荷需求的影响，因此综合能源运营商的热价策略波动较大，价格平均值较小。图 9-4 中大多数时段，综合能源运营商的售热价格接近优化区间的上限或下限，这是由于综合能源运营商调整售热价格以激励用户购热，售热价格波动越大，用户购热意愿就越强烈，优化策略的寻优范围也越大。

综合能源运营商使用共享储能备用服务的储能容量变化情况如图 9-5 所示。共享储能在 1:00～2:00 和 17:00～20:00 时间段向综合能源运营商放电，因此共享储能电站的备用容量不断降低。此时综合能源运营商风光联合出力较低，小于用户聚集商的电负荷需求，因此需要共享储能放电进行补充。共享储能备用容量在 3:00 达到了最小值，停止放电。在 6:00～9:00 时间段，综合能源运营商的风光联合出力逐渐增加，高于用户聚集商的电负荷需求，因此综合能源运营商向共享储能设备进行充电，储存剩余的风光发电资源，实现新能源消纳。在 10:00～17:00 时间段，共享储能备用容量达到了最大值并保持不变。在 17:00～20:00 时间段，共享储能备用容量不断降低，共享储能在电网电价较高和用户需求高的时段补充放电，为综合能源运营商提供额外电能。最后，共享储能在 21:00～23:00 继续存储剩余的风光出力，并在 24:00 进行放电，共享储能备用容量回到初始值。

综合能源运营商不使用共享储能服务时，在电能不足时需要向电网购电，因此对电网依赖较大。使用共享储能服务后，可以通过向共享储能充放电来有效平抑风光出力的波动性和不确定性，提高了风光能源的利用率，实现了新能源的就

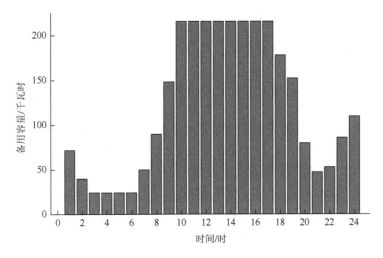

图 9-5　共享储能备用容量变化

地消纳，减少了购气和向电网购电的费用，减轻了电网支撑综合能源系统的压力，共享储能的加入使得综合能源运营商的运行更加灵活，也提高了综合能源系统的经济性。

9.1.2　用户聚集商运行优化结果

用户聚集商电负荷优化调度结果如图 9-6 所示，其中总电负荷为用户聚集商的总电负荷需求。用户聚集商在 1:00～8:00 时间段向共享储能充电，此时综合能源运营商售电价较低，因此用户聚集商向综合能源运营商购能并存储在共享储能

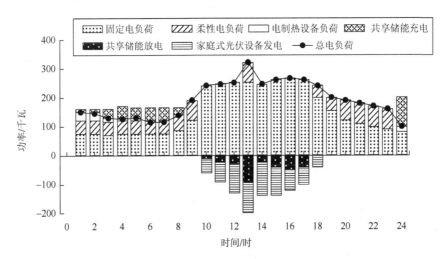

图 9-6　用户聚集商电负荷优化调度结果

电站。在 10:00～17:00 时间段，共享储能向用户聚集商放电，此时用户聚集商的电负荷需求高，因此共享储能放电以及用户聚集商的家庭式光伏设备发电，以补充供能。用户聚集商在 1:00～5:00 和 24:00 使用电制热设备，因此存在电制热设备负荷。由于共享储能的加入，用户聚集商可以根据综合能源运营商的售价变化合理规划自己的用能策略，提高自身收益。

　　用户聚集商的热负荷优化调度结果如图 9-7 所示，其中的总热负荷为用户聚集商的总热负荷需求。用户聚集商在 1:00～5:00 和 24:00 均使用电制热设备补充满足自身的热负荷需求，从而减少了向综合能源运营商的购热量，与图 9-2 中的净热负荷结果吻合。在 6:00～22:00 时间段，电价上涨，用户聚集商不再使用电制热设备，全部向综合能源运营商购买热能。用户聚集商根据综合能源运营商每时刻的热价变化来调整自身的柔性热负荷大小，由于电制热设备的存在，用户聚集商的热负荷变化同时受到综合能源运营商电价和热价的双重影响。用户聚集商合理规划购热方案和设备使用，来提高自身收益。

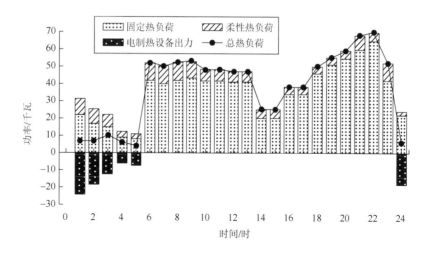

图 9-7　用户聚集商热负荷优化调度结果

　　用户聚集商的电负荷优化对比结果如图 9-8 所示。可以看出，优化后的电负荷曲线相比于优化前呈现出"削峰填谷"的趋势。原有的电负荷曲线峰值出现在 10:00～17:00，此时综合能源运营商的售电价较高；优化后电负荷的峰值出现时间与调整前保持一致，但电负荷峰值下降，并且转移到电价较低的时间段。用户聚集商在 1:00～9:00 与 19:00～23:00 增加用电，在 10:00～18:00 减少用电，这与图 9-3 中综合能源运营商售电价的变化大部分保持一致，即用户在低价时段多购电、在高价时段少购电，降低购电成本，提高自身收益。

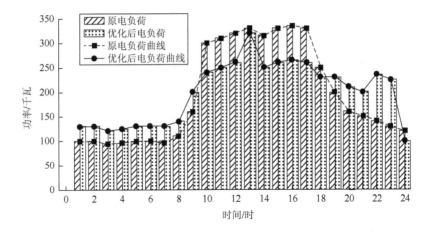

图 9-8　用户聚集商电负荷优化对比结果

用户聚集商的热负荷优化对比结果如图 9-9 所示。

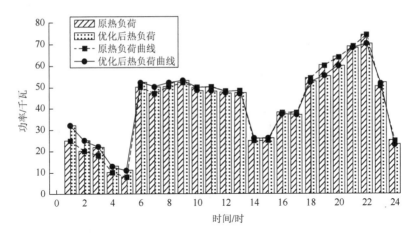

图 9-9　用户聚集商热负荷优化对比结果

图 9-9 和图 9-8 对比可以看出，热负荷的优化结果相对于电负荷的优化结果来说，调整量比较少，这是为了保证用户的用热舒适度。由于电制热设备的存在，用户聚集商在 1:00～9:00、14:00～15:00 和 23:00 左右时间段增加用热，在 10:00～13:00、16:00～22:00 和 24:00 左右时间段减少用热，用户聚集商在低电价时段热负荷增加，增加的热负荷由电制热设备补充，与图 9-8 中的购电情形类似。同时，由于综合能源运营商售热价波动较大，用户聚集商每个时间段的热负荷调整量不同，用户聚集商需要综合热价和电价的变化来调整热负荷分布。

用户聚集商的电负荷和热负荷峰谷差均有所下降，可见共享储能模式下用户聚集商通过调整负荷分布，不仅降低了向综合能源运营商购能的成本，提高了自身收益，同时平抑了用户侧的负荷波动性，提升了系统环境效益。

用户聚集商使用共享储能租赁服务的共享储能租赁容量变化情况如图9-10所示。用户聚集商在1:00~8:00时间段向共享储能充电，此时综合能源运营商的售电价较低，用户聚集商购买低价电能进行储存，因此共享储能电站的租赁容量不断提高，并在9:00~10:00达到了最大值。在10:00~17:00时间段，共享储能租赁容量不断降低，此时综合能源运营商的售电价较高，用户聚集商减少向综合能源运营商的购电，使用共享储能放电提供额外电能，这与图9-6中使用共享储能充放电情况相符合。用户聚集商在电价较低时，向共享储能充电，在电价较高时，使用共享储能放电，共享储能容量变化趋势与充放电规律一致，在价格低的时候增长，在负荷高峰期和价格高峰期的时候逐渐降低，最后回到初始容量，实现了共享储能电站的容量平衡，在一天内形成一个完整的储能充放电周期。

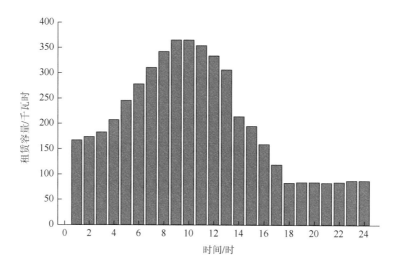

图9-10　共享储能租赁容量变化

由于共享储能的加入，用户聚集商实现了电价"低充高放"，共享储能使得用户聚集商有更丰富的用能规划和更高的用能灵活度。

9.1.3　共享储能运营商运行优化结果

经过算例测算，共享储能的最优额定容量为799.28千瓦时，最优额定功率为171.13千瓦，此时的共享储能运营商的总投资预算为66.42万元，小于设定的总投资预算70万元，共享储能的静态投资回收期为5.05年，小于共享储能电站寿命 12 年，说明投资共享储能电站可以在寿命期限内实现盈利，且利润较大，证明了共享储能商业模式可行。本书设置共享储能运营商为综合能源运营商提供备用储能服务，为用户聚集商提供租赁储能服务，因此共享储能电站的总容量变化由租赁容量和备用容量两部分构成，其通过与综合能源运营商及用户聚集商进行功率交换来获取收益。图 9-11 为共享储能电站储能容量和充放电功率的变化情况。

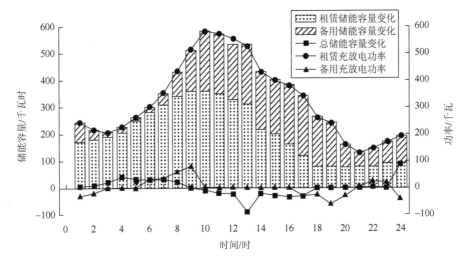

图 9-11　共享储能电站储能容量和充放电功率变化

从图 9-11 中可以看出，租赁储能容量升降变化与用户聚集商使用共享储能充放电功率正负变化保持一致，备用储能容量升降变化与综合能源运营商使用共享储能充放电功率正负变化大致保持一致。共享储能大部分容量提供给用户聚集商使用，少部分容量提供给综合能源运营商使用，总储能容量先增加后减少，然后继续增加回到初始值，形成完整的充放电周期，共享储能运营商通过充放电获取相应的收益。9.3 节将给出综合能源系统中共享储能投建的最优额定容量和额定功率，并针对共享储能的运行策略，对共享储能的相关参数——总投资预算、容量成本系数、功率成本系数、容量系数以及共享储能服务费进行灵敏度分析。

以上算例仿真结果说明本书设计的多主体的综合能源系统双层规划模型具有可行性和有效性，综合能源系统运营商通过价格信号调整用户聚集商的用能计划，反过来用户的购能策略影响综合能源系统运营商的定价策略以及燃气轮机、燃气锅炉和风光资源的使用，双方效益均得到了提升，实现了互利共赢。用户聚集商使用共享储能综合调整负荷变化，提高了用能满意度，综合能源运营商使用共享储能平抑风光出力波动性，保障了用能安全。综合能源系统双层规划模型让供能更经济、用能更合理，同时增加了共享储能运营商的收益。

9.2　综合能源系统多场景特征比较分析

9.2.1　场景设置

综合能源系统双层规划模型考虑了各主体的综合利益，得出了综合能源运营商、用户聚集商和共享储能运营商三方运行策略，具有有效性和可行性。为了进一步分析共享储能的优势，验证模型的计算结果，本节进一步对比分析不配置储能电站、配置独立储能电站和配置共享储能电站这三种情景下的综合能源系统的运行优化结果。场景设置如下。

场景 1：综合能源系统不配置储能电站，综合能源运营商和用户聚集商均不配置储能，综合能源运营商中盈余的风光资源直接丢弃，电能不足时向电网购买。此场景作为一个基准案例来验证储能及共享储能的重要性。

场景 2：综合能源系统配置独立储能电站，综合能源运营商和用户聚集商各自投建储能电站，储能相关参数同表 8-1 中的共享储能电站参数。

场景 3：综合能源系统配置共享储能电站，引入共享储能服务，应用本书提出的综合能源系统双层规划模型，通过规划共享储能电站的额定容量和额定功率，使得综合能源系统中的其他主体受益。

在上述三个场景中，场景 1 和场景 2 不再包含共享储能的租赁服务费和备用服务费，场景 2 需要增加单独配置储能电站的投建运维成本。

在场景 1 中，综合能源系统不考虑储能因素，因此，将共享储能部分的相关公式删除，即删除综合能源系统双层规划模型中的式(7-1)～式(7-16)、式(7-19)和式(7-29)。则综合能源运营商的目标函数为

$$
\begin{aligned}
\max C_{\mathrm{IE}} &= C_{\mathrm{PRO}} - C_{\mathrm{MT}} - C_{\mathrm{GT}} - C_{\mathrm{grid}} \\
&= \sum_{t=1}^{T}\left(\alpha_{\mathrm{ie}}^{(t)}\,\overline{L_p^{(t)}} + \beta_{\mathrm{ie}}^{(t)}\,\overline{L_h^{(t)}}\right)\Delta t - \sum_{t=1}^{T}\frac{C_g}{\eta_{\mathrm{MT}}Q_L}P_{\mathrm{MT}}^{(t)}\Delta t \\
&\quad - \sum_{t=1}^{T}\frac{C_g}{\eta_{\mathrm{GL}}Q_L}H_{\mathrm{GL}}^{(t)}\Delta t - \sum_{t=1}^{T}\gamma_{\mathrm{grid}}^{(t)}P_{\mathrm{grid}}^{(t)}\Delta t
\end{aligned}
\tag{9-1}
$$

约束条件为 7.2.2 节中提到的电热出力关系约束、输出功率约束、电价热价约束、电热供需平衡约束等。电热出力关系约束同式(7-23)，输出功率约束同式(7-24)，电价热价约束同式(7-25)，电热供需平衡约束更改为

$$
\begin{cases}
P_{\mathrm{MT}}^{(t)} + P_{\mathrm{grid}}^{(t)} + P_{\mathrm{FG}}^{(t)} \geqslant \overline{L_p^{(t)}} \\
H_{\mathrm{MT}}^{(t)} + H_{\mathrm{GL}}^{(t)} \geqslant \overline{L_h^{(t)}}
\end{cases}
\tag{9-2}
$$

用户聚集商的目标函数为

$$\max E = E_3 - E_2 = \sum_{t=1}^{T} \left(a L_y^{(t)2} + b L_y^{(t)} \right) \Delta t + \sum_{t=1}^{T} \left(c L_h^{(t)2} + d L_h^{(t)} \right) \Delta t$$
$$- \sum_{t=1}^{T} \left(\alpha_{ie}^{(t)} \overline{L_p^{(t)}} + \beta_{ie}^{(t)} \overline{L_h^{(t)}} \right) \Delta t \tag{9-3}$$

约束条件为 7.2.3 节中提到的可调整负荷约束和电制热功率约束,可调整负荷约束同式(7-37)～式(7-39),电制热功率约束同式(7-40),参数关系同综合能源系统双层规划模型。

场景 1 问题转化为综合能源运营商和用户聚集商的运行优化,综合能源运营商向用户聚集商传递售电价、售热价,用户聚集商向综合能源运营商返回购电、购热量,采用遗传算法求解,遗传算法的参数和表 8-7 的下层模型参数相同。

在场景 2 中,综合能源运营商和用户聚集商各自投建储能电站的投建运维成本按配置容量和功率分别计算,计入综合能源运营商和用户聚集商的总成本中,储能电站的日均投建运维成本依据式(7-4)计算。则综合能源运营商的目标函数为

$$\max C_{IE} = C_{PRO} - C_{MT} - C_{GL} - C_{grid} - F_{ie}$$
$$= \sum_{t=1}^{T} \left(\alpha_{ie}^{(t)} \overline{L_p^{(t)}} + \beta_{ie}^{(t)} \overline{L_h^{(t)}} \right) \Delta t - \sum_{t=1}^{T} \frac{C_g}{\eta_{MT} Q_L} P_{MT}^{(t)} \Delta t - \sum_{t=1}^{T} \frac{C_g}{\eta_{GL} Q_L} H_{GL}^{(t)} \Delta t \tag{9-4}$$
$$- \sum_{t=1}^{T} \gamma_{grid}^{(t)} P_{grid}^{(t)} \Delta t - \left(\frac{c_r}{365} \left(c_E E_{ie} + c_P P_{ie} \right) + M_{SES} P_{ie} \right)$$

其中, Δt 为研究时段,单位为时; F_{ie} 为综合能源运营商配置独立储能电站的日均成本; E_{ie} 为综合能源运营商配置的独立储能电站的容量; P_{ie} 为综合能源运营商配置的独立储能电站的功率; c_E 和 c_P 分别为独立储能电站的容量成本和功率成本; M_{SES} 为独立储能电站的单位功率每日维护成本;其他变量意义与式(9-1)相同。

用户聚集商的目标函数为

$$\max E = E_3 - E_2 - F_p$$
$$= \sum_{t=1}^{T} \left(a L_y^{(t)2} + b L_y^{(t)} \right) \Delta t + \sum_{t=1}^{T} \left(c L_h^{(t)2} + d L_h^{(t)} \right) \Delta t \tag{9-5}$$
$$- \sum_{t=1}^{T} \left(\alpha_{ie}^{(t)} \overline{L_p^{(t)}} + \beta_{ie}^{(t)} \overline{L_h^{(t)}} \right) \Delta t - \left(\frac{c_r}{365} \left(c_E E_p + c_P P_p \right) + M_{SES} P_p \right)$$

其中, F_p 为用户聚集商配置独立储能电站的日均成本; E_p 为用户聚集商配置独立储能电站的容量; P_p 为用户聚集商配置独立储能电站的功率; c_E 和 c_P 分别为独立储能电站的容量成本和功率成本; M_{SES} 为独立储能电站的单位功率每日维护成本。

综合能源运营商和用户聚集商的约束条件同场景 1 的约束公式。除此之外,综合能源运营商和用户聚集商的独立储能功率和容量还需要分别满足 7.2.1 节中

提到的容量关系约束、容量守恒约束、容量大小约束和充放电功率约束。容量关系约束同式(7-7)和式(7-8)，容量守恒约束同式(7-9)和式(7-10)，容量大小约束为

$$E_{ie}^{min} \leqslant S_{R,SES}^t \leqslant E_{ie}^{max} \tag{9-6}$$

$$E_p^{min} \leqslant S_{P,SES}^t \leqslant E_p^{max} \tag{9-7}$$

充放电功率约束为

$$\left|\frac{S_{R,SES}^{t+1} - S_{R,SES}^t}{\Delta t}\right| \leqslant \eta_{cd} P_{ie}^{max} \tag{9-8}$$

$$\left|\frac{S_{P,SES}^{t+1} - S_{P,SES}^t}{\Delta t}\right| \leqslant \eta_{cd} P_p^{max} \tag{9-9}$$

其中，E_{ie}^{max} 和 E_{ie}^{min} 分别为综合能源运营商独立储能电站容量的最大值和最小值，数值分别为 900 千瓦时和 100 千瓦时；E_p^{max} 和 E_p^{min} 分别为用户聚集商独立储能电站容量的最大值和最小值，数值分别为 900 千瓦时和 100 千瓦时；P_{ie}^{max} 为综合能源运营商独立储能电站的最大功率，数值为 300 千瓦；P_p^{max} 为用户聚集商独立储能电站的最大功率，数值为 300 千瓦；其余参数同综合能源系统双层规划模型。

因此，场景 2 的问题转化为综合能源运营商和用户聚集商的运行优化以及独立配储规模测算问题，综合能源运营商向用户聚集商传递售电价、售热价，用户聚集商向综合能源运营商返回购电、购热量，模型采用遗传算法求解，遗传算法的参数和表 8-7 的下层模型参数相同。

9.2.2 不同场景下各主体的收益比较分析

分别对以上三种场景进行优化分析，计算综合能源系统各主体收益。综合能源运营商、用户聚集商和共享储能运营商的收益结果如表 9-1 所示。

表 9-1 不同场景下综合能源运营商、用户聚集商和共享储能运营商的日均收益情况

场景	综合能源运营商/元	用户聚集商/元	共享储能运营商/元
场景 1	2343.10	4904.60	—
场景 2	2453.39	5056.36	—
场景 3	2748.74	5112.33	362.52

由表 9-1 可知，场景 3 中综合能源运营商和用户聚集商的收益相比于场景 1 分别上升了 405.64 元和 207.73 元，相比于场景 2 分别上升了 295.35 元和 55.97 元。场景 2 与场景 1 对比来看，配置储能可以增加综合能源运营商和用户聚集商的收益。场景 3 与场景 1、场景 2 对比来看，相比于不配置储能和配置独立储能，场

景 3 中使用共享储能模式下各主体的收益最大，验证了共享储能商业模型的可行性和有效性。

场景 3 中共享储能运营商的日均收益为 362.52 元，共享储能电站的总投建成本为 49.38 万元，年运维成本为 1.42 万元，由此计算得出储能电站的静态投资回收年限为 4.21 年，小于共享储能的寿命 12 年，共享储能运营商可以在一定时间内回收成本并开始盈利，投资建设共享储能电站有可观的利润空间和发展潜力，共享储能商业模式可行。虽然共享储能电站会占据综合能源运营商少量的用户购能份额，但共享储能模式在优化用户用能策略、减少用户购能成本的同时增加了综合能源运营商的收益，还可以平抑综合能源运营商风光出力的波动性和不确定性，缓解发电设备的运行压力，增加综合能源运营商的能源供给稳定性，共享储能模式实现了多方共赢。

9.2.3　共享储能商业模式的经济性特色

分别对以上三种场景进行优化分析，三种场景下的储能容量、储能功率如表 9-2 所示。可以看出，场景 2 中综合能源运营商配置独立储能电站的容量和功率分别为 256.62 千瓦时和 31.96 千瓦，用户聚集商配置独立储能电站的容量和功率分别为 459.30 千瓦时和 103.45 千瓦。场景 3 中共享储能电站的容量和功率分别为 799.28 千瓦时和 171.13 千瓦，共享储能电站容量与场景 2 中独立储能电站的总容量相比增加了 83.36 千瓦时，增加了 11.64%；共享储能电站功率与场景 2 中独立储能电站功率总量相比增加了 35.72 千瓦，增加了 26.38%。可以看出，场景 3 共享储能模式下综合能源运营商和用户聚集商的储能需求得到了协同优化，可以降低综合能源运营商和用户聚集商的配储成本，由第三方运营商来承担，提高了综合能源运营商和用户聚集商的收益，同时增加了综合能源系统的储能容量和储能充放电功率。这种商业模式解决了企业因储能成本高而降低配储规模甚至不配储的问题，实现了在提高综合能源系统多主体收益的同时增大系统的配储规模，以更高储能阈值为系统运行服务，能够更好地调节发电稳定性，增加用户用能灵活性，更好地保障能源供需平衡。

表 9-2　不同场景下的储能容量、储能功率对比

场景	储能容量/千瓦时	储能功率/千瓦
场景 1	—	—
场景 2	综合能源运营商：256.62 用户聚集商：459.30	综合能源运营商：31.96 用户聚集商：103.45
场景 3	799.28	171.13

　　三种场景下综合能源运营商的风光资源利用率如图 9-12 所示。场景 1 中综合能源系统不配置储能，风光资源利用率为 74.85%。场景 2 中配置独立储能电站，风光资源利用率为 80.09%。场景 3 中配置共享储能电站，风光资源利用率为 85.63%。场景 2 与场景 1 对比可以看出，储能可以增加对于风光资源的利用，减少资源浪费。场景 3 与场景 1、场景 2 对比可以看出，共享储能商业模式对于风光资源的利用率最大，验证了共享储能商业模式的优势。

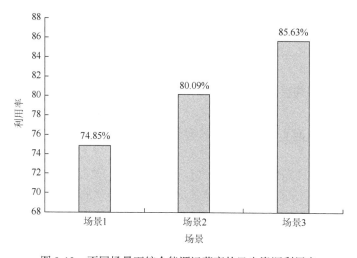

图 9-12　不同场景下综合能源运营商的风光资源利用率

　　共享储能电站可以实现资源互补，提高储能资源利用效率，增大对于风光资源的利用率，极大地减少能源浪费，提高系统经济性，这与表 9-2 中场景 3 配储容量和功率增大的结果保持一致。对于综合能源运营商来说，一方面共享储能电站可以降低相关企业的配储成本，增大企业收益；另一方面，国家明确鼓励新能源企业通过自建或购买储能来履行消纳责任，共享储能模式使得相关企业满足了政府部门的配储要求，在一定程度上提高了企业的参与度，有利于"双碳"目标的早日实现。

　　由以上多场景对比分析可以看出，共享储能服务模式具有多元优势：能够为综合能源运营商和用户聚集商节省大量投资自建储能电站的费用；能够提高综合能源系统多主体的利益，实现多方共赢；能够增大综合能源系统的储能规模，提高系统运行的可靠性和经济性；能够大幅提高风光资源利用率和储能资源利用率，减少资源浪费。

　　对于上级电网来说，共享储能模式能够通过协调综合能源系统内风光资源的不均衡性，实现多主体之间的用电行为互补，促进新能源消纳，减少综合能源运营商从电网购电的费用，减轻电网的支撑压力。对于共享储能运营商来说，投资建设共享储能电站可以实现盈利并且具有较大利润，共享储能电站通过改善综合能源系统的用户聚集商的用电行为，使得整个综合能源系统运行更加灵活，促进了综合能源系统的应用和发展。

9.3　共享储能灵敏度及策略分析

在计算出共享储能的最优投建规模后，为了优化综合能源系统中共享储能运营商的运行策略，本节对综合能源系统双层模型中的相关参数进行灵敏度分析。通过改变共享储能运营商的总投资预算、容量成本系数、功率成本系数、容量系数以及储能服务费等参数，使得共享储能运营商在综合能源系统中可以合理利用并更加经济地运行共享储能电站。

9.3.1　共享储能总投资预算灵敏度及策略分析

从上述分析可以得出投建共享储能电站能够为综合能源系统各主体带来利好，然而，总投资预算对共享储能的投建规模有着重大影响。根据表 9-2 的测算结果，共享储能电站的最优额定容量为 799.28 千瓦时，最优额定功率为 171.13 千瓦，此时的共享储能运营商的总投资预算为 66.42 万元。当额定容量和额定功率增加时，投资成本会显著增加，因此本节将分析共享储能的总投资预算变化对综合能源系统运行优化的影响。

本节将共享储能的总投资预算水平设定为 40 万～80 万元，间隔为 5 万元，对应的共享储能额定容量、额定功率和风光资源利用率的变化如图 9-13 所示。

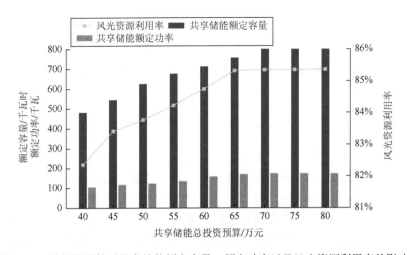

图 9-13　总投资预算对共享储能额定容量、额定功率以及风光资源利用率的影响

　　从图 9-13 中可以看出，随着共享储能总投资预算的增加，共享储能额定容量和额定功率以及风光资源利用率也不断增加，并在达到一定值后不再变化，其中，共享储能额定容量变化较大，额定功率变化较小，当投资预算大于 66.42 万元时，共享储能额定容量、额定功率以及风光资源利用率趋于稳定。本书算例分析中将投资预算设置为了 70 万元，灵敏度分析结果进一步验证了本书中模型的可靠性。

　　从图 9-13 中还可以看出，风光资源利用率取决于共享储能的额定容量，其随着共享储能额定容量的增大而增大，这与 9.2.2 节中的多场景分析结果保持一致。另外，还可以发现，当共享储能的额定容量小于场景 2 中综合能源系统配储总量时，风光资源利用率仍然大于场景 2 中的风光资源利用率（80.09%），进一步证明了共享储能模式可以提高储能资源的利用率，共享储能模式更具有经济性。

　　图 9-14 为综合能源运营商、用户聚集商和共享储能运营商的收益随着共享储能总投资预算的变化情况。可以看出，综合能源系统整体效益呈递增趋势，在达到一定值后不再变化。以天为单位级别来看，收益增量虽然不大，但从共享储能整个寿命期间来看，找到综合能源系统的共享储能总投资运算的临界值对于多主体收益至关重要。

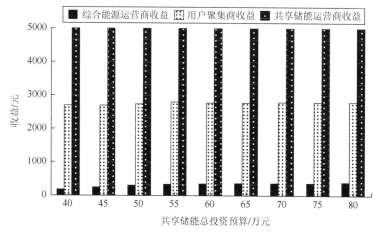

图 9-14　总投资预算对综合能源运营商、用户聚集商和共享储能运营商收益的影响

　　总投资预算灵敏度分析结果为共享储能运营商提供了关于总投资预算的相关参考，共享储能的投建存在最优的总投资预算，当低于最优总投资预算时，共享储能规模和运行效果会降低，综合能源系统多主体收益也会降低；但是当高于最优总投资预算时，共享储能规模和运行效果及综合能源系统多主体收益也不会增加。本书提出的综合能源系统双层规划模型成功测算了共享储能的最优额定容量和额定功率，从而可以计算出共享储能最优的总投资预算约为 66.42 万元。

9.3.2　共享储能容量成本系数和功率成本系数灵敏度及策略分析

　　资金成本是困扰所有投资者的首要问题，上述综合能源系统双层规划模型中共享储能电站的容量成本系数和功率成本系数均为默认值，因此本节分析容量成本系数和功率成本系数的变化对综合能源系统运行优化的影响。通过将默认值乘以不同的因子水平（即 0.5、0.6、0.7、0.8、0.9、1.1、1.2、1.3），可以得到不同大小的容量成本系数和功率成本系数，然后分别计算不同因子水平下综合能源系统的运行优化结果。容量成本系数和功率成本系数对共享储能电站额定容量、额定功率及收益的影响分别如图 9-15 和图 9-16 所示。

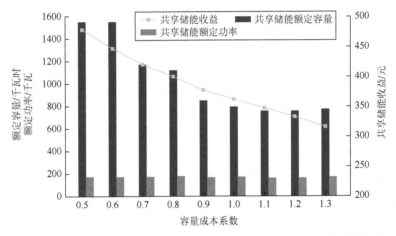

图 9-15　容量成本系数对共享储能电站额定容量、额定功率及收益的影响

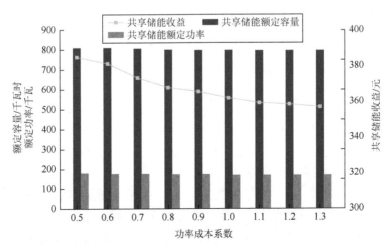

图 9-16　功率成本系数对共享储能电站额定容量、额定功率及收益的影响

从图 9-15 可以看出，当共享储能容量成本系数逐渐增加时，共享储能电站的额定容量逐渐减小，额定功率变化不大，共享储能的收益呈下降趋势，即在固定投资预算下，共享储能容量成本越小，共享储能电站规模越大，收益越大。

从图 9-16 可以看出，当共享储能功率成本系数逐渐增加时，共享储能额定容量和额定功率均变化不大，共享储能的收益呈下降趋势，但是与容量成本系数的灵敏度分析结果相比，下降范围不大。即在固定投资预算下，共享储能功率成本变化对于共享储能电站规模影响不大。

综上可以得出，共享储能的规模和收益更多地受到容量成本的影响，在综合能源系统实际运行中，综合能源运营商和用户聚集商使用共享储能服务的充放电功率可能不会很大，但共享储能的容量阈值决定了综合能源运营商和用户聚集商使用共享储能服务的充放电次数，因此会影响共享储能的收益。

容量成本系数和功率成本系数灵敏度分析结果为共享储能运营商提供了关于共享储能投建规模的相关参考。在总投资预算固定的情况下，降低共享储能的资金成本，尤其是容量成本有利于增大投建规模和提高收益。基于此，一方面可以将共享储能的高资金成本进行分摊，寻找合作投资商，如共享储能可由新能源企业、第三方投资者和政府共同投建，共同对共享储能运营做出决策。另一方面，可以缩短共享储能产业链，由储能设备供应商直接投资建设共享储能电站，储能设备供应商具有得天独厚的设备优势和经验优势，可以在很大程度上降低共享储能电站的投建成本。但是，当共享储能资金成本减小时，存在总投资预算没有得到充分利用的情况，因此需要对最优总投资预算重新计算。

9.3.3　共享储能容量系数灵敏度及策略分析

由于共享储能运营商的额定容量分配给用户聚集商和综合能源运营商的比例并不相同，因此共享储能运营商从用户聚集商和综合能源运营商处获得的收益也不同。本节探究共享储能分配给用户聚集商的租赁容量变化和分配给综合能源运营商的备用容量变化对三方主体收益的影响。

本节将共享储能的容量系数 ω，即分配给综合能源运营商的备用储能容量占共享储能额定容量的比例，设定为 0.2~0.7，每间隔 0.05，计算不同容量系数下综合能源系统运行优化结果。不同容量系数下综合能源运营商、用户聚集商和共享储能运营商的收益变化如图 9-17 所示。

由图 9-17 可以看出，当容量系数逐渐增加时，也就是共享储能分配给综合能源运营商的容量逐渐增加时，用户聚集商的收益一开始减小幅度不大，当容量系数大于 0.35 时，用户聚集商的收益减小趋势加快。综合能源运营商的收益一开始随着容量系数增大而逐渐增大，当容量系数大于 0.35 且小于 0.70 时，综合能源运

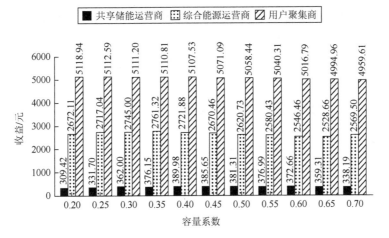

图 9-17　容量系数对综合能源运营商、用户聚集商和共享储能运营商收益的影响

营商的收益不断减小。共享储能运营商的收益一开始随着容量系数的增大而逐渐增大，当容量系数大于 0.4 时，共享储能运营商的收益开始不断减小。综上，容量系数为 0.35 时，该综合能源系统的综合效益达到了最大。

　　不同容量系数下共享储能投资回收期的变化如图 9-18 所示，当容量系数逐渐增加时，也就是共享储能的容量分配给综合能源运营商的比例逐渐增加时，共享储能的投资回收期一开始是不断减小的，当容量比例大于 0.4 时，投资回收期逐渐增大，这与图 9-17 中共享储能的收益变化基本保持一致。

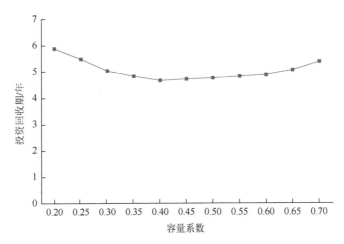

图 9-18　容量系数对共享储能投资回收期的影响

　　以上结果说明在本书的实际案例中，将更多的储能容量分配给用户聚集商、较少的储能容量分配给综合能源运营商是合理有效的分配。共享储能容量系数灵

敏度分析结果为共享储能运营商提供了关于共享储能运行的相关参考。在共享储能的实际应用中，应根据综合能源系统中的实际情况，测算并设定合适的共享储能容量系数，以最大化综合能源系统的整体效益。

9.3.4　共享储能服务费灵敏度及策略分析

共享储能运营商从用户聚集商和综合能源运营商处获得的收益不仅受储能容量系数的影响，也受到共享储能服务费的影响。因此，本节探究共享储能系统的租赁服务费和备用服务费的变化对于共享储能运营商的收益和投资回收期的影响。

本节将共享储能系统的租赁服务费定价设定为 0.23～0.43 元/千瓦时，每间隔 0.02 元/千瓦时，分别计算不同租赁服务费下综合能源系统的运行优化结果，共享储能收益和静态投资回收期的变化如图 9-19 所示。可以看出，当共享储能租赁服务费逐渐增加时，共享储能的收益呈上升趋势，共享储能的投资回收期逐渐缩短。在租赁服务费为 0.23 元/千瓦时的情况下，共享储能的投资回收期为 6.15 年，仍然小于共享储能电站的寿命 12 年，可见共享储能收益效果较好，有盈利空间。

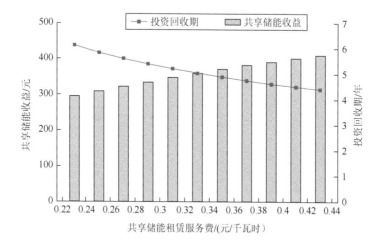

图 9-19　共享储能租赁服务费对共享储能收益和投资回收期的影响

将共享储能系统的备用服务费定价设定为 0.20～0.40 元/千瓦时，每间隔 0.02 元/千瓦时，分别计算不同备用服务费下综合能源系统运行优化结果，共享储能的收益和静态投资回收期的变化如图 9-20 所示。

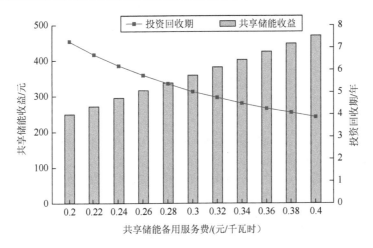

图 9-20　共享储能备用服务费对共享储能收益和投资回收期的影响

由图 9-20 可以看出,当共享储能备用服务费逐渐增加时,共享储能的收益呈上升趋势,共享储能的投资回收期逐渐缩短,与图 9-19 变化一致。在服务费为 0.20元/千瓦时的情况下,共享储能的投资回收期为 7.27 年,仍然小于共享储能电站的寿命 12 年,共享储能收益较好。与图 9-19 对比来看,共享储能的收益受备用服务费影响更大,单位备用服务费用下对应的平均收益更高。

共享储能服务费的灵敏度分析结果为共享储能在运行中的定价问题提供了相关参考。对于共享储能运营商来说,可以在比较大的范围内制定服务费的价格,在服务费价格偏低时,共享储能仍然有收益空间。共享储能的定价灵活程度高,在实际应用中,共享储能运营商可以根据实际情况对服务费进行调整,以增加自身收益,激励其他主体参与储能服务。

本书提出的综合能源系统双层规划模型可以计算共享储能的最优投建规模,可以分析多主体的运行优化过程和主体之间的交互行为,并找到各主体的最优运营策略,为企业和政府提供参考。多场景分析证明了考虑共享储能投建的综合能源系统双层规划模型可以高效协调供需两侧的灵活性资源,增大风光资源的利用率,增加储能规模和利用率,提高多主体收益,从而提升系统整体经济效益,为共享储能的推广奠定了基础。灵敏度分析为共享储能运营商合理利用并经济化运行共享储能电站提供了参考。综合能源系统双层规划模型具备经济性、灵活性以及安全性,随着能源市场的不断发展,该模型具有广阔的应用空间。

参 考 文 献

[1] 李政，陈思源，董文娟，等. 碳约束条件下电力行业低碳转型路径研究[J]. 中国电机工程学报，2021，41（12）：3987-4001.

[2] 黄强，郭怿，江建华，等. "双碳"目标下中国清洁电力发展路径[J]. 上海交通大学学报，2021，55（12）：1499-1509.

[3] 刘宝碇，赵瑞清，王纲. 不确定规划及应用[M]. 北京：清华大学出版社，2003.

[4] Zhou J H, He Y X, Lyu Y, et al. Long-term electricity forecasting for the industrial sector in western China under the carbon peaking and carbon neutral targets[J]. Energy for Sustainable Development，2023，73：174-187.

[5] 任大伟，肖晋宇，侯金鸣，等. 双碳目标下我国新型电力系统的构建与演变研究[J]. 电网技术，2022，46（10）：3831-3839.

[6] 舒印彪，赵勇，赵良，等. "双碳"目标下我国能源电力低碳转型路径[J]. 中国电机工程学报，2023，43（5）：1663-1672.

[7] 任大伟，金晨，侯金鸣，等. 基于时序运行模拟的新能源配置储能替代火电规划模型[J]. 中国电力，2021，54（7）：18-26.

[8] 赵亚龙. 多电源电力系统多目标优化调度与决策方法研究[D]. 北京：华北电力大学，2021.

[9] 李刚，迟国泰，程砚秋. 基于熵权 TOPSIS 的人的全面发展评价模型及实证[J]. 系统工程学报，2011，26（3）：400-407.

[10] 吴盛军，李群，刘建坤，等. 基于储能电站服务的冷热电多微网系统双层优化配置[J]. 电网技术，2021，45（10）：3822-3832.

[11] 黄伟，李宁坤，李玟萱，等. 考虑多利益主体参与的主动配电网双层联合优化调度[J]. 中国电机工程学报，2017，37（12）：3418-3428，3669.

[12] 帅轩越，马志程，王秀丽，等. 基于主从博弈理论的共享储能与综合能源微网优化运行研究[J]. 电网技术，2023，47（2）：679-690.

[13] 王海洋，李珂，张承慧，等. 基于主从博弈的社区综合能源系统分布式协同优化运行策略[J]. 中国电机工程学报，2020，40（17）：5435-5445.

[14] Liu N, He L, Yu X, et al. Multiparty energy management for grid-connected microgrids with heat-and electricity-coupled demand response[J]. IEEE Transactions on Industrial Informatics，2018，14（5）：1887-1897.

[15] 吴利兰，荆朝霞，吴青华，等. 基于 Stackelberg 博弈模型的综合能源系统均衡交互策略[J]. 电力系统自动化，2018，42（4）：142-150，207.

[16] 李鹏，吴迪凡，李雨薇，等. 基于综合需求响应和主从博弈的多微网综合能源系统优化调度策略[J]. 中国电机工程学报，2021，41（4）：1307-1321，1538.

[17] Jiang Y H, Kang L X, Liu Y Z. Optimal configuration of battery energy storage system with

multiple types of batteries based on supply-demand characteristics[J]. Energy，2020，206：118093.

[18] Li C，Zhou D Q，Wang H，et al. Techno-economic performance study of stand-alone wind/diesel/battery hybrid system with different battery technologies in the cold region of China[J]. Energy，2020，192：116702.

[19] Rahman M M，Oni A O，Gemechu E，et al. The development of techno-economic models for the assessment of utility-scale electro-chemical battery storage systems[J]. Applied Energy，2021，283：116343.

[20] Gu W，Lu S，Wu Z，et al. Residential CCHP microgrid with load aggregator: operation mode, pricing strategy, and optimal dispatch[J]. Applied Energy，2017，205：173-186.

[21] 马腾飞. 多能互补微能源网综合需求响应研究[D]. 北京：北京交通大学，2019.

[22] 王尧. 微能源网多能协同优化运行及效益评价模型研究[D]. 北京：华北电力大学，2020.

[23] 胡晗. 计及源荷不确定性和需求响应的园区综合能源系统优化运行研究[D]. 南昌大学，2022.

[24] 李鹏，杨莘博，李慧璇，等. 计及多能源多需求响应手段的园区综合能源系统优化调度模型[J]. 电力建设，2020，41（5）：45-57.

[25] 庄怀东，吴红斌，刘海涛，等. 含电动汽车的微网系统多目标经济调度[J]. 电工技术学报，2014，29（S1）：365-373.

[26] Li P，Wang Z X，Wang J H，et al. Two-stage optimal operation of integrated energy system considering multiple uncertainties and integrated demand response[J]. Energy，2021，225：120256.

[27] 程宇，郭权利. 计及动态能源价格和共享储能电站的多主体综合能源系统双层优化调度策略[J]. 现代电力，2024，41（1）：10-20.

[28] Ma M T，Huang H J，Song X L，et al. Optimal sizing and operations of shared energy storage systems in distribution networks: a bi-level programming approach[J]. Applied Energy，2022，307：118170.

[29] Sardi J，Mithulananthan N，Gallagher M，et al. Multiple community energy storage planning in distribution networks using a cost-benefit analysis[J]. Applied Energy，2017，190：453-463.